蒸发冷凝空调新技术及应用

李国庆 著

中国建筑工业出版社

图书在版编目（CIP）数据

蒸发冷凝空调新技术及应用 / 李国庆著. —北京：
中国建筑工业出版社，2023.8
ISBN 978-7-112-28971-4

Ⅰ. ①蒸…　Ⅱ. ①李…　Ⅲ. ①蒸发式冷凝器—空调技
术　Ⅳ. ① TB657.2

中国国家版本馆 CIP 数据核字（2023）第 144488 号

本书主要介绍蒸发冷凝空调新技术及应用。全书共四篇：蒸发冷凝空调
技术；蒸发冷凝空调设备；轨道交通行业引领的蒸发冷凝新技术发展；蒸发
冷凝新技术的应用。主要内容包括：绪论；蒸发冷凝技术原理；蒸发冷凝换
热器；蒸发冷凝换热器填料；蒸发冷凝喷淋循环水处理；整体式蒸发冷凝冷
水机组技术；结合地铁风道的蒸发冷凝技术；蒸发冷凝空调新技术在城市轨
道交通领域的应用；蒸发冷凝空调新技术在数据中心的应用；蒸发冷凝新技
术在其他领域的应用与展望。

本书供暖通空调人员、设备人员使用，并可供大中专院校师生参考。

责任编辑：刘文昕　郭　栋
责任校对：张　颖
校对整理：赵　菲

蒸发冷凝空调新技术及应用

李国庆　著

*

中国建筑工业出版社出版、发行（北京海淀三里河路 9 号）

各地新华书店、建筑书店经销

北京建筑工业印刷有限公司制版

北京富诚彩色印刷有限公司印刷

*

开本：787 毫米×1092 毫米　1/16　印张：8¼　字数：166 千字

2023 年 11 月第一版　　2023 年 11 月第一次印刷

定价：**178.00** 元

ISBN 978-7-112-28971-4

（41191）

目　　录

第 1 篇

蒸发冷凝空调技术

第1章 绪 论

蒸发冷凝技术作为一种节能高效和可持续发展的新型传热技术，与传统换热技术相比，具有节省空间、单位传热面积金属消耗少、传热效率高、节能和节水等突出优点，也取得了较好的社会经济效益，因此越来越受到国内外学者的重视。同时，随着计算机技术及各类实验技术的飞速发展，高性能计算机、实验设备及 CFD 技术的应用与发展为蒸发冷凝技术的研究提供了十分重要的手段，从而增加了蒸发冷凝技术的研究深度和广度。

1.1 蒸发冷凝技术发展历史

蒸发冷凝技术与蒸发冷却技术都是利用水的汽化潜热进行制冷，蒸发冷凝技术常用于冷源系统，有制冷剂参与换热过程，利用水蒸发带走制冷剂释放的冷凝热；而蒸发冷却技术常用于空调末端装置，利用水蒸发对空气进行降温加湿。本书主要针对蒸发冷凝技术及相关应用进行探讨与分析。

1.1.1 蒸发冷凝技术国外发展历史

蒸发冷凝技术在国外发展较早，从 20 世纪 50 年代开始在美国、加拿大、澳大利亚等国起步研究，国外科研人员对蒸发冷凝过程中的基础理论、模型与模拟、实验与运用等方面做出了研究，并取得一些研究成果。

1. 基础理论研究

1802 年，道尔顿综合考虑空气温度、湿度、速度对蒸发的影响，提出了道尔顿定律。从此，蒸发的理论计算有了明确的物理意义和计算依据。基本的蒸发式冷却设备的传热理论最先由 Merkel 于 1927 年提出，并成为后来许多相关研究的基础理论。在 Merkel 的理论中，将焓差作为空气与水膜的换热驱动力，并视饱和边界层热质交换的刘易斯数是一致的，同时忽视水的蒸发损失。

1952 年，S. G. Chuklin 总结出了一种蒸发冷凝换热器的设计方法。该方法具有普遍性，至今仍在沿用。日本学者尾花英朗等于 1973 年在传热膜系数经验公式的基础上，详细地阐述了蒸发冷凝换热器的设计方法和设计过程，并绘制了以氨为制冷剂的蒸发冷凝换热器冷凝温度在 60～100℃之间的热效率图表，为下一步的深入研究提供了基础和方向。1988 年，Erens P J 对几种蒸发冷凝换热器的设计方案进行了对比分析，发现在换热器芯体添加塑料填料，可以使蒸发冷凝换热器传热性能显著增强，而不需使用价格高昂的翅片管来增加传热面积。1993 年，Wojeiech、Zalewski 提出了一种新型的蒸发冷凝换热器传热传质模型，并编写了适合光管式蒸发冷凝换热器使用的计算机程序，比较计算结果与试验结果，误差平均在 3%。1997 年，Wojeiech 对逆流式蒸发冷凝换热器的传热传质过程进行研究，并与顺流式蒸发冷凝换热器进行比较分析，结果发现逆流式在一定条件下的传热效果优于顺流式。2001 年，Ettouney Hisham M. 等将蒸发冷凝换热器和风冷式冷凝器进行对比研究，研究发现蒸发冷凝换热器的系统效率高达 97%～99%，而风冷式冷凝器系统效率为 88%～92%。2006 年，Michalis Gr. Vrachopoulos 等介绍了一种组合式蒸发冷凝换热器。它由翅片、冷凝水池、水泵和喷雾系统构成，冷却范围在 0.3～3000kW。经测量得出该组合式蒸发冷凝换热器 COP（Coefficient of performance）值提高 211%，节能 58%，同时可最大限度地延长冷却系统的寿命。2015 年，Huanwei Liu 等研究了蒸发冷凝换热器的蒸发器入口温度、压缩机频率、空气干球温度、空气流速、淋水密度等因素对空调系统制冷性能的影响。结果表明，空气流速（2.05～3.97m/s）和淋水密度［0.03～0.05kg/（m·s）］的增加，该组合式蒸发冷凝换热器的性能系数 COP 提高了 211%。提高环境空气干球温度和压缩机的频率，COP 降低。2016 年，Maria Fiorentino 等研究了逆流式蒸发冷凝换热器的两种不同的流动方式，即膜流和滴流，分析了管布置对流动方式的影响。当管组纵向间距增加 73%，需要增加 66.7% 的最小喷淋水量避免水膜破裂。2017 年，Rodica Dumitrescu 等对以氨为制冷剂的蒸发冷凝换热器进行了研究，分析了不同冷凝温度下蒸发冷凝换热器的换热性能，研究了沿冷凝器高度的水膜温度分布。

2. 模型与模拟研究

在建立数学模型和数值模拟方面，Zalewski 等于 1997 年对蒸发冷凝换热器的传热传质过程进行研究，建立逆流式蒸发冷凝换热器的数学模型，在模拟计算时引入了传质系数，提高了计算的精确度，也使计算模拟的结果与实验结果更加接近。1998 年，克罗地亚 Boris Halasz 等以动量、能量、质量守恒为基础，从热力学角度分析蒸发冷凝换热器内传热传质过程，总结出冷却塔，蒸发冷凝换热器等装置的通用数学模型。2000 年，Jorge Facao 等对蒸发冷凝换热器的重量、几何尺寸、设备运行费用、风机、水泵的参数等建立了模型，并对此进行优化设计及实验验证，结果表明，换热管长度和盘管高度对性能影响最大。2001 年，Feddaoui 对水膜蒸发过程进行模拟，分析了冷凝效果与水膜温度、流速和气体雷诺数的关系，实验得出水膜内部及界面的微对流过程对传热效率起了关键性的作用。Hasan 和 Gan 用 CFD 软件简化冷却塔的物理模型，气液两相耦合进行热力性能的评估。实验表明，模拟结果与实验结果吻合较好。2002 年，Brin 等建立了强制通风的蒸发过程的传热传质模型，在模型中分析了水膜、水滴、空气流速、温度和湿度对热效率的影响，并对水 - 空气界面的动力学进行了初步探讨。2004 年，比利时 J. Lebrun 等基于 Meikel 理论，提出了蒸发冷凝换热器传热传质过程的简化模型，并讨论了水流和空气流影响下总传热系数和流体热阻的计算。2005 年，Bilal A. Qureshi 等分别对考虑了污垢热阻的数学模型进行了分析与实验值比较。模拟表明，污垢对蒸发式换热器的热效率及流体温度影响很大。2006 年，Ertunc HM 等利用人工神经网络（ANN）预测蒸发冷凝制冷系统性能，将结果与蒸发冷凝制冷系统实验台相比对，发现结果相吻合误差在 1.90%～4.18%。2007 年，Qureshi 和 Zubair 研究了蒸发换热设备的蒸发损失，建立了蒸发模型。模拟结果与生产商 BAC 推荐的经验公式得出的预测值基本一致，最大误差在 4%，一般低于 2%。同年，Qureshi、Bilal A 主要针对系统运行时的㶲损失对蒸发冷凝换热器进行研究分析，并在热力学第二定律的基础上分析了该换热器的换热效率。Facao 和 Oliveira 于 2008 年将传热传质模型与 CFD 模拟结合，重点分析与其间接联系的冷却塔中的传热传质过程，通过 Mizushina 修正边界条件，通过 CFD 模拟获得传热关联式与间接冷却塔的关联性。Youbi I 等对采用喷淋水预冷的风冷冷凝器进行了研究，建立了数值模型用于预测系统 *COP*，发现预冷可以使系统 *COP* 提高 55%。同年，H. Metin Ertunc 等在实验台得到的大量实验数据的基础上利用神经网络模型（ANN）以及自适应的模糊推理技术（ANFIS）进行建模，以此来预测冷凝器的换热率、制冷剂温度以及出风的温湿度。同时，作者通过相关系数、相对误差和方差对两种方式进行了结果比较，表明 ANFIS 预测准确度高于 ANN。2009 年，M. M. Nasr、M. Salah Hassan 提出了一种创新型蒸发冷凝换热器，开发了蒸发冷凝换热器的理论模型，研究了不同参数对冷凝器温度的影响，并通过实验验证了该模型的有效性。Nae-Hyun Kim 于 2016 年研发一种新的蒸发冷凝换热器，并对热量和水分的传递过程进行分析，建立热量和水分的传递模型，通过实验选取最佳比例，使冷却能力最大化。

3. 实验与工程应用研究

早在 20 世纪 70 年代，蒸发冷凝技术在国外就开始应用。由于经济危机的影响，美国等一些西方国家的工厂进行蒸发冷凝技术的实验研究以及相关产品开发。Parker 和 Treyball 于 1962 年详细阐释了蒸发冷凝换热器的传热传质原理，并通过实验方法得到了传热膜系数的关联式，建立了蒸发冷凝换热器数学模型，为其传热传质理论和实验研究奠定了基础。1967 年，Mizushina 等对顺流式蒸发冷凝换热器做了大量实验，在设定水箱内的循环水温度为定值的条件下测试了三种不同管径的圆管，得出了管径与传热传质系数的关系以及喷淋水膜对流传热系数和水膜对空气传质系数的经验公式。20 世纪 80 年代，Slesarenko 通过实验得出水膜传热系数与管外水膜厚度的关系，在膜厚度为 0.35～0.5mm 时水膜传热系数最大，此时的喷淋水流量为 0.4～0.6kg/（m·s）。Urivel Fisher 等对一种冷却塔增设蒸发冷凝机组的系统进行测试分析，得出在这种系统下冷凝压力显著降低。1983 年，Urivel Fisher 等对蒸发冷凝换热器与冷却塔混合系统的实验表明此系统能显著降低冷凝温度，并节约换热面积。发现蒸发式换热设备的两个特点，并利用关联气液界面处的传热传质过程建立了模型与实验验证，研究表明当空气—水交换界面为控制热阻，在此处强化传热最好。1988 年，Erens P J 通过对不同蒸发冷凝换热器的设计方案的对比分析，得出在换热器芯体中增加塑料填料可以使蒸发冷凝换热器传热性能明显提高。1997 年，Wojeiech 对比顺流、逆流式蒸发冷凝换热器的传热传质过程，结果发现逆流式在一定条件下传热效果优于顺流式。2002 年，Chung-Min Liao 等利用实验测试研究风机频率、填料两侧压差、填料厚度等因素对蒸发冷凝换热器传热效率的影响，研究得出在不同厚度填料情况下的蒸发冷凝的热质传递系数计算公式。同年，Ala Hasan 等针对两种不同类型的光管和翅片套管的蒸发冷凝式换热器，进行性能比较实验研究。结果得出，在管束容积相同情况下，翅片管束能传递更多的热量。2004 年，Hosoz M. 等在相同的制冷系统下对蒸发冷凝换热器与风冷式冷凝进行测试比较，发现蒸发冷凝换热器的制冷量、COP 值比风冷式的分别高 30%、14% 左右。同年，Ala Hasan 等进行实验，对比了圆管和椭圆管的换热性能，指出在相同的制冷工况下，椭圆管虽然喷淋水的阻力降低 50% 左右，但是换热性能也会随之降低。2006 年，Michalis Gr. Vrachopoulos 等介绍了一种由翅片、冷凝水池、水泵和喷雾系统组成的组合式蒸发冷凝换热器，通过实验测量得出，该组合式蒸发冷凝换热器不仅能提高 COP 值两倍，还延长冷却系统寿命，实现 58% 的节能。之后的 2007 年，Michalis Gr. 等开发了一种由翅片、集水盘及喷雾系统组成的蒸发冷凝制冷系统，测试得出该系统比规定 COP 高 110%，但由于携带水滴的空气进入会使冷凝器存在锈蚀的情况。2009 年，M. M. Nasr 等对 40 种新型的住宅冰箱蒸发冷凝换热器进行了研究，测试结果表明在某一空气流速为 2.5m/s、环境温度为 29℃、相对湿度为 37.5% 时，蒸发温度每升高 1℃，冷凝器温度升高 0.45℃。同时，在空气流速为 1.1m/s、环境温度为 31℃、相对湿度为 47.1% 的情况下，冷凝器的温度升高 0.88℃。同年，J. A. Heyns、D. G. Kr ger 研究了蒸发冷凝换热器的热流性质，对一个管排数 15、管外径 38.1mm、管间距 76.2mm、正三角形排列的蒸发冷凝换热器进行测试。实验结果表明，水膜传热系数是空气质量流速、水膜质量流速和水膜温度的函数；气－水传质系数是空气质量流速和水膜质量流速的函数。2010 年，J. A. Heyns 等研究了外径为 38.1mm 的正三角形排列的逆流式蒸发冷凝设备的热流性质。实验测试得出，水膜传热系数是空气质量流速、水膜质量流速和水膜温度的函数。2013 年，Mckenzie 等研究了加利福尼亚州的家用空调系统。研究表明，与风冷式冷凝器相比，蒸发冷凝换热器在用电高峰时比蒸发预冷冷凝器节省了7%的能量，适用于炎热、干旱的气候区。2014年，Tianwei Wang等通过实验比较了蒸发冷凝换热器和常规风冷式冷凝器的性能效果，蒸发冷凝换热器的工作冷凝温度在更低的情况下 COP 值从6.1%增加到了18%。美国加州大学的 Pistochini 等通过测试，证明了在大型机组安装蒸发式预冷器可以减少电力需求和节约能源，尤其是在干旱的环境中。2016年，Junior 等对小型蒸发冷凝换热器进行实验研究，研究发现换热量为入口空气温度、体积流量和喷淋水流量的函数，其中入口湿球温度为换热量的主要影响因素。2017年，Rodica Dumitrescu 等在专门的实验台上对以氨为制冷剂的蒸发冷凝换热器进行了研究。测试了不同冷凝温度下蒸发冷凝换热器的排热性能，饱和温度实验范围为22~40℃，冷凝器排热量为2000~6000W。该学者还研究了沿冷凝器高度的水膜温度分布。通过对比，验证了结果的准确性。并且，通过实验台确定：水空气界面的传质系数；管壁/水界面的传热系数；制冷剂冷凝/管壁界面的传热系数。通过比较分析与实验值的偏差认为，结果准确地描述了氨蒸发冷凝换热器的传热传质过程。

1.1.2　蒸发冷凝技术国内发展历史

我国是一个缺水的国家，节约水资源、水资源的循环利用是我国资源发展的主要方向。蒸发冷凝技术利用水的相变气化潜热进行制冷，可以减少水资源的浪费，具有显著的节能、节水优势。

蒸发冷凝技术在我国发展起步与国外相比较晚，20世纪80年代同济大学陈沛霖教授首先将蒸发冷凝换热器引入我国。此后，学者们开始对蒸发冷凝技术进行研究。随着我国经济技术的快速发展与能源日益紧缺，国家越来越重视节能技术的研究，因此对蒸发冷凝技术的研究也逐步深入。国内对于蒸发冷凝技术的研究主要集中在基础理论研究、模型与模拟研究、实验与工程应用研究三个方面。

1. 基础理论研究

早在1989年，刘焕成等采用水膜的平均温度，用算术平均焓差修正简化传热计算公式。1999年，清华大学热能系综合考虑相变及表面张力梯度影响，对 N-S 方程进行摄动分析，最后导出了薄液膜层扰动波增长率的表达式。同年，王东屏对蒸发冷凝换热器的设计方法展开研究，对常规蒸发冷凝换热器进行设计计算时采用一种简单、实用的带预冷作用的设计方法。2000年，清华大学王补宣院士等研究发现蒸发冷凝换热器的降液膜表面存在着可观的"毛细诱导界面蒸发"现象，进而关联实验数据与结合表面蒸发率计算公式得出"毛细诱导界面蒸发"的表达式。2003年，晏刚等提出了蒸发冷凝换热器传热计算的方法，并指出了蒸发冷凝换热器参数选择和结构设计中存在的问题。2005年，唐伟杰等选用氨用蒸发冷凝换热器，通过分析带有预冷盘管的蒸发冷凝换热器的传热过程，得出冷却水温度与空气焓值的关联式。2006 年，蒋翔对蒸发冷凝换热器的管外流体流动、传热传质机理进行研究，为此充实了蒸发冷凝换热器的理论研究体系。吴赞和李蔚于 2011 年发现了新的区分常规通道与微通道的临界准则，并在此基础上得出了新的预测微通道压降、传热系数和临界热流量的关联式。2012 年，赵越等针对蒸发冷凝换热器换热过程复杂，并且计算过程和方法较多的问题，提出一种简单的蒸发冷凝换热器的设计计算方法。

2. 模型与模拟研究

随着数值分析以及计算机的发展与广泛应用，数值传热学越来越受到重视。诸多学者在模拟仿真方面不断深入研究，并针对蒸发式冷凝过程及设备建立了相应的数学模型。

1995 年，张旭等对直接蒸发冷凝过程建立了基于熵产率方程、能量方程与质量方程构成的热动力学特性的数学模型，为提高热质交换设备的热力完善度提供了理论依据基础。2003 年，王铁军等建立了经济技术模型，对制冷装置冷凝器进行了经济分析，得出采用蒸发冷凝换热器可以大大节约运行费用。2005 年，唐伟杰运用热力学和传热学基本理论得出蒸发冷凝换热器的传热传质模型解析，且使用非相态变化工质的蒸发冷凝换热器编制了稳态传热模拟程序，用于计算蒸发冷凝换热器内部温度和焓值分布，分析风量和水量对换热面积的影响，进一步通过实际工程案例证实了模型的可行性和正确性。此外，西安交通大学的郝亮建立了蒸发冷凝换热器的数学模型，考虑空气湿球温度、风量等参数对蒸发冷凝换热器换热性能的影响，对制冷工质的温度以及热流密度沿管分布情况进行数值模拟仿真，研究结果对提高蒸发冷凝换热器传热效率及结构的改进具有重要作用。2006 年，蒋翔等针对来流速度对传热传质和流动阻力造成的影响，采用 CFD 模拟与实验验证方式进行了研究。研究得出，模拟与实验结果误差在 15% 以内，验证了 CFD 模拟的准确性。同年，宋臻对空气与水顺流直接接触热、质交换过程的能量分析，推导出顺流情况的空气与水的状态参数与过程的无因次量 - 传质单元数（NTMm）、传热单元数（NTM）和水气比（β）之间内在规律的通用方程组；最后，利用 MATLAB 软件求解计算，研究对蒸发冷凝装置的设计和实验提供新的方法。2009 年，华南理工大学郭常青和朱冬生等研究了板式蒸发冷凝换热器的气液两相降膜流动的传热传质过程，建立数学模型进行模拟，实验得出气液温度与热流密度以及蒸发量与风速的关系。牛润萍等建立了蒸发冷凝换热器内部传热传质的数学模型并求得解析解，得出根据蒸发冷凝换热器内流经的空气质量流量、淋水质量流量、空气进口状态，可以设计蒸发冷凝换热器的必要高度的结论，对蒸发冷凝换热器提供一定的设计和优化指导作用。2013 年，董俐言等建立了二维模型对板式蒸发式换热器的传热传质过程进行模拟，研究分析冷却水进口温度、空气进口温度等参数对板式蒸发冷凝换热器换热性能的影响，最终实验与模拟结果误差在 10% 以内。实验验证了板式蒸发冷凝换热器的热流密度与研究参数之间的关系，对板式蒸发式换热器的优化设计具有重大的指导意义。2014 年，简弃非等利用 CFD 模拟结合实验的方式研究了蒸发冷凝换热器加装波纹填料后不同填料间距、气流速度以及喷淋水量对进出口空气含湿量、压差及填料表面传热系数的影响，结果得出能效比最高的填料间距、气流速度、喷淋水量情况。朱进林等利用 CFD 对加装分流平台和分流槽的喷嘴喷淋效果进行了模拟并进行实验验证。结果显示，加装分流槽喷嘴在流量相同的情况下出口动压比前者大，外部流场静压更加均匀、合理。2017 年，赵志祥等利用 CFD 软件对蒸发冷凝换热器的管壁水膜情况进行了三维数值模拟，分析了在不同风速和倾斜角度的情况下椭圆管管外水膜厚度情况。结果表明，液膜厚度波动与风速变化呈正比，波动区主要集中在周向 130°～160° 附近，水膜厚度波动区随着倾斜角度的增大而向下偏移。在液体流量不变的情况下，模拟不同迎面风速和倾斜角度下的液膜分布情况得出合理的迎面风量和倾斜角度，能使椭圆管外水膜质量更好，传热冷却效果最好。

3. 实验与工程应用研究

由于气液界面蒸发式冷凝传热传质过程极其复杂，很难有准确的分析模型来表达其换热性能，以往研究者建立的计算模型都是基于一定假设的，并且许多参数的确定需要依赖由实验获得的经验公式或实验关联式。然而，实验及应用研究一直都是修正分析模型和取得经验公式或实验关联公式的有效手段及措施，也是研究人员的重要研究手段。相对于基础理论研究，更多的研究人员从实验和应用方面入手。

1989 年，上海交通大学刘焕成等使用氨蒸发冷凝换热器进行热工性能实验。结果表明，冷凝温度和空气湿球温度是影响单位面积热负荷最重要的因素，而喷淋水量影响最小。1997 年，刘宪英等将蒸发冷凝换热器应用于房间空调器中并进行了实验研究，发现采用蒸发冷凝换热器可使房间空调器的能效比（EER）提高 50% 以上。2006 年，朱冬生等搭建测试平台进行了蒸发冷凝换热器性能研究，测试了风速和喷淋密度的对蒸发冷凝换热器性能的影响，并采用填料来强化蒸发冷凝换热器传热传质性能。2007 年，沈家龙研究了喷淋密度和风量以及加装填料对蒸发冷凝系统性能的影响。研究表明，蒸发冷凝换热器的最小喷淋密度为 0.043kg/（$m^2 \cdot s$），最佳迎面风速为 2.9～3.1m/s。加装填料可以使传热系数、空气传热系数以及传质系数显著提高，但制冷量却有所减少，这对蒸发冷凝换热器进一步的开发研究具有重要的实际意义。同年，朱冬生等测试了喷淋密度和迎面风速对蒸发冷凝换热器管外水膜传热性能的影响，得出管外水膜的传热主要受喷淋密度的影响的结论，并通过实验数据得到了管外水膜传热系数的关联式。2008 年，蒋翔等通过测试圆管、椭圆管和扭曲管三种不同管型的蒸发冷凝换热器的传热传质性能，研究发现扭曲管的传热传质系数最高，进而提出了扭曲管传热传质系数经验公式。2009 年，李元希等通过实验对影响板式蒸发冷凝换热器传热传质性能的主要因素，如环境湿球温度、冷凝温度以及相对湿度因素做了详细研究，最后与管式蒸发冷凝换热器进行比较得出，在进风参数、风量等条件相同的情况下，采用板式蒸发冷凝换热器的空调冷凝系统 COP 提高了 2%～3%，热流密度提高了 20%～26%。虽然板式蒸发冷凝换热器体积小于管式蒸发冷凝换热器，但风机阻力和水泵功率要更高。2010 年，吴治将等采用圆管、插入螺旋线圆管和波纹管三种管形进行了立式蒸发冷凝换热器强化传热实验研究，得出在换热效果上螺旋线圆管和波纹管表现得更好。2011 年，涂爱民等应用一个小型空调实验系统，针对预冷肋片管对蒸发冷凝换热器的影响进行了测试。结果表明，在环境湿度较高的条件下，蒸发冷凝换热器仍然可以保持较高的排热效率和能效比。且在蒸发冷凝换热器前设置预冷肋片管，预冷段只要承担极低的排热负荷，就能实现降低冷凝段管壁温度的目的。2012 年，高煜等搭建溶液再生式蒸发冷凝换热器试验台，研究影响空气与除湿溶液之间传热系数的因素。2015 年，申江、张聪等进行蒸发冷凝换热器顺流、逆流式换热性能的比较实验，在不同情况下控制喷淋密度和迎面风速对制冷系统换热性能的影响。实验得出，在迎面风速升高、喷淋密度增大时，顺流、逆流的总换热系数均呈现逐渐升高最后达到最大值的现象，而且逆流式的传质系数、能效比均优于顺流式。

在蒸发冷凝换热器的实际工程运用方面。1990 年，哈尔滨空气调节机厂与广东茂名石化工业公司联合开发研制了带有翅片预冷器的 ZL-250 蒸发冷凝换热器，并将此技术首次应用于炼油行业。2000 年，袁建新在乌鲁木齐地区以冷库制冷循环为例，根据工程实例说明了蒸发冷凝换热器在投资、运行费用、操作管理以及排污除垢方面的优越性。2003 年，李志明等对蒸发冷凝换热器在制冷工艺上的应用展开研究分析，强调大力发展蒸发冷凝技术对制冷系统的节能意义重大。2004 年，李志明等首先提出了蒸发式冷凝板式换热管片，并在此基础上研发生产了板管型（或称板式、板管式）蒸发式冷凝空调机组，这种平面液膜蒸发冷凝技术，以金属板片作为基本换热单元，具有布水均匀、风阻小、换热性能好的特点，在实际应用中效果良好。其后，国内对板管型蒸发冷凝换热器的研究逐渐增多。同年，梁军等为某小区家用空调设计应用了蒸发冷凝技术，这是蒸发冷凝技术首次应用在实际工程中。2006 年，洪兴龙等对蒸发冷凝换热器的设计选型及在氨制冷系统中的应用进行分析研究，结合实际工程对蒸发冷凝换热器的管路进行了设计与选型计算，并提出了进一步的改进意见。2009 年，李荣玲等介绍了蒸发冷凝技术在电厂辅机供水系统的应用，并通过某电厂的实际实例证明了技术的可行性，得出蒸发冷凝技术的推广能大幅度降低电厂的能耗。2011 年，许巍等对蒸发冷凝空调系统应用于地铁站的可行性进行了探究。指出相对于传统水冷集中式空调系统，蒸发冷凝空调系统在节能节水、节约地下冷站与冷却塔占地面积以及施工费用的诸多优势。2015年，马瑞华等提出了一种新型的套管蒸发冷凝换热器，即在换热管中再加入一根内管，这样可以改善换热性能，为新型套管蒸发冷凝换热器的实际应用提供参考。针对目前蒸发冷凝技术在实际工程中应用研究中存在的问题，北京工业大学王云默、王洪伟对地铁车站实际应用的一种新型蒸发式冷凝空调系统进行了研究，得出新型的蒸发冷凝制冷系统具有占地面积小、输送能耗低、换热效率高的优势，符合地铁发展的方向。

1.2 蒸发冷凝技术应用情况

蒸发冷凝技术作为一种新型节能高效的换热技术，与传统的换热技术相比，具有节省空间、单位换热面积所耗金属材料少、传热效率高等突出优点。目前，国内外学者针对蒸发冷凝换热器以及对蒸发冷凝换热器工程应用的研究越加活跃，新系统和新方法不断呈现，蒸发冷凝技术的应用领域和应用范围不断拓宽。

由于蒸发冷凝技术具有不需要冷却塔、系统能效高等优势，其在国内轨道交通领域得到了充分发展与应用。本书将在第8章进行详细介绍。

在国内轨道交通行业的引领下，结合蒸发冷凝技术能够很好地满足传统的生产需求，同时有助于企业降低资源使用及维修费用。另外，蒸发冷凝技术已应用于冶金、食品、造纸、数据中心、化工及海水淡化、制药、飞机空调等行业。据不完全统计，国内已有蒸发冷凝换热器生产厂家超过50家，年产量近万台，产值超过十几亿元人民币；并且，以每年近30%速度增长，市场初具规模。

此外，蒸发冷凝技术近年来在全球也得到了蓬勃发展。我国的香港和澳门地区及泰国、马来西亚等东南亚地区，也在部分新建及改造项目中大量运用了蒸发冷凝技术。

图1.2-1为澳门大学新校区图书馆及生命健康学院中央空调系统。该项目采用了多台蒸发冷凝螺杆式冷热水机组。

图1.2-1　澳门大学新校区图书馆及生命健康学院中央空调系统

图 1.2-2 为香港大窝口体育馆空调工程项目。该项目也采用了蒸发冷凝冷水机组。

图 1.2-3 为香港荃湾政府合署空调节能改造工程。该工程位于香港地区荃湾西楼角路三十八号，空调面积约 35000m²，原主机设计冷量 1550RT，采用风冷半封闭活塞冷水主机。后经过改造，冷源变为蒸发冷凝机组。

图 1.2-2 香港大窝口体育馆空调工程项目

图 1.2-3 香港荃湾政府合署空调节能改造工程

表 1.2 为近年中国香港及东南亚地区应用蒸发冷凝技术的部分工程项目统计。

应用蒸发冷凝技术的部分工程项目　　　　　　　　表 1.2

序号	时间	项目名称
1	2007 年	中国香港九龙观塘荟华餐厅
2	2007 年	中国香港龙翔道水务署机电工场
3	2007 年	中国香港荃湾政府合署空调节能改造工程
4	2007 年	中国香港特区元朗政府合署空调节能改造项目
5	2008 年	中国香港大埔工业村（香港联合利华有限公司）
6	2008 年	中国香港大窝口体育馆（特区政府项目）

续表

序号	时间	项目名称
7	2009 年	中国香港九龙湾启业村社区食堂
8	2009 年	中国香港法国医院
9	2009 年	中国香港律敦治医院空调工程
10	2016 年	马来西亚宏德商场
11	2016 年	泰国 TOPS 集团项目
12	2017 年	马来西亚 IPOH FACTORY 项目
13	2017 年	马来西亚 GOH SUPERMARKET 项目
14	2018 年	马来西亚新山工厂项目
15	2018 年	马来西亚 POPOS 项目
16	2018 年	泰国 Ratchavitee Hospital 项目
17	2018 年	泰国 TOPS-Sukapiban 项目
18	2018 年	马来西亚 karuich. KL 项目
19	2018 年	马来西亚 NORMAN 项目
20	2018 年	泰国 tops payao 项目
21	2018 年	泰国 Rayong Department Store 项目

　　虽然蒸发冷凝技术的运用范围越来越广，但蒸发冷凝技术的发展还有很多不足。从技术研究来看，主要是加强换热方面，而对其主要影响因素（包括进风温度、相对湿度、风速和水的喷淋量等因素）的研究没有统一的结论，研究者只是针对各自的实验设备得出研究结论。从技术层面来看，我国在此方面的研究只是起步阶段，国内专门做此类产品的厂家不多，主要有广州华德、广东申菱、浙江国祥、昆山台佳等几个厂家，而且各有各的专攻内容。由此可见，我国正在吸收国外相关方面的研究成果，技术地区性转移的趋势将会越来越明显。从研究的范围来看，主要是针对宏观的量的改变进行研究，但对微观机理的研究则显不足。综上所述，近年来国内外有关蒸发冷凝技术的研究取得了长足的进步。虽然蒸发冷凝换热器的开发和应用目前仍存在一些问题有待解决，但总体来说，蒸发冷凝换热器的理论研究和应用研究未来有巨大的发展空间。新技术的出现、新产品开发和应用方法的改进，都为蒸发冷凝换热器的发展提出了新的课题。蒸发冷凝换热器技术的成熟和进一步应用，也将对中国乃至世界的经济和社会发展起到重要的推动作用。

第 2 章 蒸发冷凝技术原理

2.1 蒸发冷凝技术原理

蒸发冷凝换热器是一种将水冷式冷凝器和冷却塔结合起来的装置，主要用于冷源系统。是以水和空气作冷却介质，利用水的蒸发带走气态制冷剂的冷凝热，省略了冷却水从冷凝器到冷却塔的传递阶段，充分利用水的蒸发潜热冷却工艺流体性质。实际运行中，循环水量仅为水冷式冷凝器的 50%。

在蒸发冷凝换热器中，被冷却介质在热交换器中冷凝；同时，通过水喷淋系统在热交换器外表面形成水膜，水蒸发以潜热的形式带走被冷却介质的冷凝热量，并通过强制对流空气排出热量。

蒸发冷凝换热器工作时喷淋循环水由水泵送至冷凝管组上部喷嘴，均匀地喷淋在冷凝排管外表面，形成一层很薄的水膜。高温气态制冷剂由冷凝排管组上部进入，被管外的喷淋循环水吸收热量冷凝成液体从下部流出，吸收热量的水一部分蒸发为水蒸气，其余大部分落在下部集水盘内，供水泵循环使用。风机强迫空气以一定的速度掠过冷凝排管并促使水膜蒸发，强化冷凝管外放热，而且使吸热后的水滴在下落的进程中被空气冷却。蒸发的水蒸气随空气被风机排出，其余未被蒸发的水滴被挡水板阻挡住，落回水盘。

蒸发冷凝换热器的传热过程主要为两个过程：由压缩机出来的高温高压制冷剂的热量通过板片单元的内表面传递到板片单元的外壁水膜；由水膜传递出来的热量传递给板片单元间通道中气流。从图 2.1 可以看到，气流从冷凝器的侧面以及下部

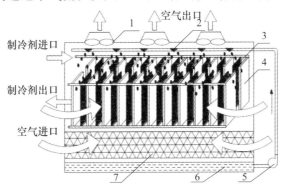

1—风机；2—布水器；3—板间填料；4—换热板片；5—循环水泵；6—集水槽；7—填料

图 2.1 蒸发冷凝技术原理

进入到换热板片单元内，喷淋循环水从机组的顶部布水器喷洒在板片间，流入机组下部的集水槽。制冷剂、空气和水三种流体从不同方向进入冷凝器，相互作用，进行复杂的传热传质活动，使高温制冷剂达到降温的目的。水盘中设浮球阀，可自动补充喷淋循环水量。

2.2　蒸发冷凝技术传热传质过程

2.2.1　传热传质过程

在蒸发冷凝换热器的工作过程中，同时存在着三种流体，分别是制冷剂、板间喷淋水和空气。蒸发冷凝换热器的传热机理如图 2.2 所示。这三种流体之间不仅存在热量交换，还存在物质交换。它的传热过程分为两个阶段。第一阶段是显热传递过程，即制冷剂蒸汽与换热板外水膜间的传热过程，其驱动力为制冷剂冷凝温度与室外空气干球温度的差值。温差越大，显热交换量越大。第二阶段是潜热传递过程，即水膜表面与空气之间的水膜蒸发传热过程。该过程是一个既有传质又有传热的过程，它的驱动力为水膜表面饱和蒸汽压力与室外空气中水蒸气分压力之差。

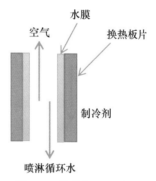

图 2.2　传热机理示意图

蒸发冷凝换热器三种流体之间主要有以下热量传递形式：制冷剂、管壁和水膜的导热过程；管壁与水膜、水膜与空气之间的热对流过程；水膜的蒸发涉及传质过程，既存在潜热交换又存在显热交换。这是蒸发冷凝换热器与其他类型冷凝器的最大不同，是蒸发冷凝换热器关键的换热过程。

2.2.2　影响传热传质因素

1. 喷淋密度

热流密度随喷淋循环水喷淋密度的增大，先增大而后减小。在喷淋密度较小时，传热板表面没有被喷淋水完全覆盖，这一部分的传热由"蒸发冷"变成了"风冷"，传热效果要稍差一些；而在壁面完全润湿的条件下，水膜与空气的有效接触面积是一定的，等于传热壁面的面积。此时，再增大喷淋密度，水膜与空气的有效接触面积并不改变。随着喷淋密度的进一步增大，板表面的水膜厚度开始变厚，水膜的热阻开始增大，热流密度也开始有所减小。

2. 风速

空气与水顺流时，热流密度随风速的增大而增大。因为下降水膜受剪切力的影响，空气带动水膜快速下落，水膜厚度变薄，热阻减小，强化换热强度。空气与水逆流或错流时，热流密度随风速的增大而先增大、后减小。除了对水膜厚度的影响，当风速进一步增大时，下降水膜会被高速吹来的空气吹散，连续相变成分散相，板表面部分裸露出来，"蒸发冷"变成了"风冷"，换热效率降低。

3. 风向

空气与水顺流时冷凝器的热流密度最大，喷洒在冷凝板上的水紧贴板壁下降，是典型的连续性降膜。下降水膜受剪切力的影响，空气掠带一部分水膜，水膜厚度变薄，热阻减小；另外，板表面的结构使下降水膜湍动加剧；而且，顺流情况下，空气带动水膜快速下落，使水膜在板表面的更新率大大提高，传质速率也提高，强化了换热强度。错流和逆流情况使板表面水膜分布不均匀，水膜局部过厚；同时，部分板面裸露，水膜覆盖率有所降低，不利于传热。

4. 热交换面积

热交换面积是指制冷剂与冷凝板片接触传导热的面积，热交换面积越大，在相同的时间内可传导更多的热量。蒸发式冷凝换热面积可用来衡量冷凝器的传热传质性能，它的大小还影响蒸发冷凝器的喷淋水流量和设备体量。

5. 气象参数

蒸发冷凝系统能耗随进口空气干球温度或相对湿度的增加而增大，而且都呈线性关系变化。蒸发冷凝换热器与空气进行热交换时，是以潜热为主、显热为辅的方式，空气相对湿度对蒸发冷凝制冷系统的影响因素更大。在其他条件相同的情况下，外部环境空气越干燥或者焓值越小，则蒸发冷凝制冷系统运行时的能耗越小。

2.3　目前蒸发冷凝技术需注意的问题

近年来，随着国内外研究的不断深入，蒸发冷凝技术的应用日趋增多，但在其应用过程中也存在一些问题。主要问题有：

1. 换热器结构形式问题

目前，蒸发冷凝换热器形式主要有管式、板式、管板式等，实际使用中均存在一些问题。管式换热器清洗维护不方便，布水不均匀，容易形成干点，换热面积有限；板式换热器较重，加工工艺复杂，造价高；管板式换热器清洗维护不便，加工工艺复杂。

2. 结垢问题

由于蒸发冷凝换热器结构紧凑，吸热快，换热效率高，结垢对其传热性能影响相当大。尽管蒸发冷凝换热器循环水温度相对水冷式要低，但运行时间久，结垢问题同样不可忽视，尤其在水质不能保证的场合。在工业冷却水系统中，换热面上的结垢物质大都是钙镁的碳酸盐、磷酸盐和硅酸盐的混合物，由于其难溶于水，因而容易聚集在盘管表面。污垢不及时处理，产生的热阻对设备传热性能影响极大，可使设备性能下降30%～60%，从而对生产造成极大影响。蒸发冷凝换热器换热盘管一般采用整体热浸锌防腐，也有少量采用不锈钢管或铜管，由于环境和水质的原因，或者由于布水效果差使得局部出现干斑，严重时会腐蚀盘管产生冷媒泄漏，从而大大缩短蒸发冷凝换热器的使用寿命。产生结垢的因素很多，如换热面表面温度、表面粗糙度、表面结构、流体流动状态、pH值、流体温度、流体中杂质离子含量等。

目前，行业内防垢除垢的方法主要有：

1）化学方法，即在循环水中添加阻垢剂，如聚磷酸盐等、有机磷类阻垢剂、有机低分子量聚合物阻垢剂；

2）物理方法，如磁处理技术、静电处理技术、超声波处理技术和电子除垢技术、表面改性技术等。

此外，要注意不同地区的水质和气候条件，以及喷淋循环水长时间使用后的水质变化对换热效果的影响。

3. 腐蚀问题

蒸发冷凝式换热器外壳由于常年处于水与空气的潮湿环境下，易于腐蚀。如果腐蚀严重，甚至会出现换热器被腐蚀穿透，导致冷媒泄漏的情况。这不仅会影响生产过程的运行，而且会带来巨大的经济损失。

防腐蚀目前的做法主要有：

1）碳钢换热器需要保证换热器热浸镀锌层的厚度，一般要求镀锌550g/m² 以上，用热浸镀锌钢的周期性钝化来防止白锈。白锈就是积聚在热浸镀锌钢表面上的白色、蜡状和破坏锌层的腐蚀物。因此，热浸镀锌时要把好质量关，保证镀锌厚度；同时，注意镀层均匀。

2）不锈钢换热器采用防腐表面涂层、牺牲阳极法、化学镀Ni-P、表面涂层处理等工艺，尽量采用高强度不锈钢。

4. 水量合理分布问题

喷淋水的水量选择和均匀分布，对蒸发冷凝换热器的换热效果有很大的影响。

如果喷淋水量不足，则由于管表面上的水不断蒸发易结垢，而结垢将大大降低蒸发冷凝换热器的换热性能；喷淋水量太大，则水膜的厚度增加，大大增加了热量传递过程的热阻。喷淋水量一般以单位宽度上的喷淋循环水量 m 来表示，m 的取值一般大于 100kg/（m·h）。另外，还有用单位冷凝负荷的喷淋循环水量来表示，国内现在一般取值是 50～70kg/（kW·h）。布水系统中，采用特大型防堵式喷淋嘴取代数量众多的喷水孔，可大大简化水的分配系统，提高效率；并且，使用可靠、维护容易，而且维护费用降低。

5. 风机问题

鼓风式结构，风机安装在蒸发冷凝式换热器下方，由于挡水板设置不当，或用户操作不当，开机时如操作不当，先开水泵后开风机，则易造成风机接线盒进水短路，使电动机烧毁。

吸风式结构的接线盒放在箱体外，避免与水接触，一般不存在鼓风式结构的上述问题，但对风机叶片要求较高，要求其耐腐蚀。

6. 振动与噪声问题

蒸发冷凝式换热器运行时的噪声主要来自四个方面：风机、水泵、水滴下落噪声和箱体综合噪声。其中，风机产生的噪声是主要来源。对风机的噪声处理，可以选用宽叶片设计的低噪声轴流风机以及增加排风消声器等措施。箱体噪声消除，则可采用在箱体上贴吸声材料的方式。由于换热管内是高压冷媒气体，若管束固定不牢，受高压气体冲击，易发生换热管束振动，进而产生较大的噪声。因此，应注意换热管束与箱体连接稳固、增加减振弹簧来降低振动和噪声。

7. 维护清洗

蒸发冷凝换热器对维护保养的要求相对较高，需要用户定期维护。由于藻类易在换热表面积聚，降低传热效率，所以必须定期清理水箱内杂物，以保证水质要求，防止藻类的产生。定期清洗可以采用化学喷淋清洗方式，如选择喷氨基磺酸（NH_2SO_3H）。氨基磺酸对铁锈溶解能力较慢，可复配一定的氯化钠，使其产生部分盐酸来溶解铁锈和氧化锌。可添加一些表面活性剂和分散剂，增加渗透力，提高清洗效果。缓蚀剂可以选用固体酸洗缓蚀剂和杀菌灭藻的化学药剂，不对机组产生腐蚀。此外，喷淋循环水系统中含有大量的盐类物质、腐蚀产物和各种微生物，即使经过处理的水也不同程度地含有溶解固体、气体及各种悬浮物，这些污垢会牢固附着于喷淋布水管的内表面堵塞喷淋孔，容易导致冷却系统布水不均，制冷系统压力上升，影响机组的运行效率，增加机组的运行能耗。为了保持机组的运行性能，需要定期观察喷淋系统的布水情况，开启水泵，观察喷淋头的布水情况。若发现有因喷淋孔堵塞而导致布水不均或水量过少，需要清洗喷淋系统。

第2篇

蒸发冷凝空调设备

第3章　蒸发冷凝换热器

3.1　蒸发冷凝换热器的结构

蒸发冷凝换热器主要由换热器、喷淋循环水系统和排热风机三部分组成，如图3.1所示。换热器装在一个立式箱体内，箱体的底部为水盘。喷淋循环水系统是指蒸发冷凝换热器内的水循环系统，主要部件有换热盘管、喷淋循环水泵、排热风机、集水盘等。

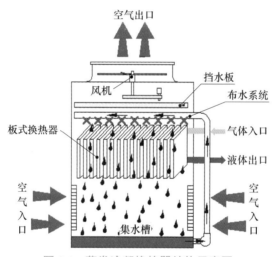

图3.1　蒸发冷凝换热器结构示意图

1. 换热器

换热器是蒸发冷凝换热器的核心部件，其结构和换热性能直接决定了蒸发冷凝换热器的换热性能。换热器一般分为管式换热器、板式换热器和管板式换热器。

2. 喷淋循环水泵

喷淋循环水泵是蒸发冷凝换热器内的主要耗电设备之一，其耗电功率由水泵流量和扬程决定。要获得较好冷却效果，必须保证适合的循环水流量；蒸发冷凝换热器总高度一般不超过5m，喷淋循环水泵的扬程一般不超过10m。

3. 冷却风机

冷却风机也是蒸发冷凝换热器内的主要耗电设备。在蒸发冷凝换热器内，最终依靠空气将热量及水蒸气带到大气中去，从而完成热量转移过程。风机的主要作用是及时将热量和水蒸气排放到大气中；同时，由于风机的抽吸作用，蒸发冷凝换热器内部形成负压场，有利于促进水膜的蒸发。蒸发冷凝换热器主要有吸风式和鼓风式两种。吸风式的风机装在箱体顶上，优点是箱体内维持负压，水的蒸发温度比较低，由于其气流均匀通过换热器，传热效果好；但风机在高温、高湿环境下工作中，容易引起腐蚀，发生故障。鼓风式的优缺点与吸入式相反，鼓风式蒸发冷凝换热器内部气体流动不均匀，但风压大，适合在风道距离过长的场合使用。

4. 布水装置

喷淋水管和喷嘴。喷淋水的水量配置和均匀布水，对蒸发冷凝换热器盘管的换热效果有很大影响。根据经验，喷淋水量以能全部润湿盘管表面、形成连续的水膜为最佳，以获得最大的传热系数，并可降低换热器结构。

5. 集水盘

集水盘的作用是收集未蒸发的喷淋循环水回落到水箱，进行下一次循环，一般的蒸发冷凝换热器集水盘的高度为 300mm 左右。

6. 挡水板

挡水板将热湿空气中带的水滴挡住，减少水的吹散损失。

3.2　蒸发冷凝换热器的优势

蒸发冷凝换热器采用先进、高效的蒸发冷凝换热技术，综合优势明显，被广泛应用于航空、医药、石油、化工、电厂、制冷等行业。近年来，在我国的研究应用日益广泛。其具有以下优势：

1. 换热效果好

由于减少了冷却水在冷凝器中显热传递阶段，使冷凝温度更接近空气的湿球温度，其冷凝温度可比冷却塔水冷式冷凝器系统低 3～5℃，可大大降低压缩机的功耗。

2. 节水、节能

蒸发冷凝换热器只是利用水的汽化来带走制冷剂蒸气冷凝过程放出的冷凝潜热，1kg 水温升 6～8℃，只能带走 25～35.5kJ 的热量，而 1kg 水蒸发能带走约 2450kJ 的热量。因此蒸发式冷凝系统所消耗的喷淋循环水只是补给散失的水量，这比水冷式的冷却水用量要少得多，循环水量约为水冷式的 1/3～1/2。水泵能耗降低，对水资源分配合理，特别适合用在干燥缺水及空气湿球温度较低的地区。

3. 结构紧凑、占地面积小

蒸发冷凝换热器内同时存在水、空气冷却工质对换热板片进行冷却，换热板片紧凑安置，不同于其他冷凝器设备线路繁杂。它结构紧凑，机组占地面积小，减少了空间浪费现象。

从技术原理上看，蒸发冷凝技术可以降低冷凝压力，减少压缩机功率，结构上将冷却塔和冷水机组冷凝器合为一体，不需要独立设置冷却塔，大大减少喷淋循环水泵流量与扬程，提高整个空调系统能效比，节电节水。

蒸发冷凝换热器和风冷冷凝器、水冷冷凝器的理论计算对比见表 3.2。

蒸发冷凝换热器和风冷冷凝器、水冷冷凝器的理论计算对比　　　　　表 3.2

冷凝方式	风冷式	水冷式	蒸发式
冷凝温度	45℃	42℃	38℃
单位冷量风机风量	420~500m³/h	120~200m³/h	80~110m³/h
冷却水泵能耗	—	视楼层而定，最少扬程需 20m	3~5m 扬程即可
单位冷量冷凝能耗	0.026kW	0.038kW	0.014kW
系统 COP	2.5~3.2	3.2~3.8	4.2~4.8
耗水量	—	1	水冷的一半（0.5）

3.3　蒸发冷凝换热器的分类

蒸发冷凝换热器有如下分类方式：

1. 按风机位置不同

蒸发冷凝换热器可分为吸风式蒸发冷凝换热器（图 3.3-1）和鼓风式蒸发冷凝换热器（图 3.3-2）。鼓风式蒸发冷凝换热器的风机在设备侧面底部进风口处，通过风机运转形成正压，将空气压入机组内，与换热器表面水膜进行热质交换；而吸风式蒸发冷凝换热器的风机在设备顶部排风口处，风机运转造成箱体负压，从而使空气被吸入箱体，与换热器表面水膜进行热质交换。吸风式蒸发冷凝换热器的吸风方式可以使箱体内保持负压，使空气充满整个腔体，流动稳定，有效降低水的蒸发温度。由于高湿度并夹带微小液滴的空气通过风机，风机的零件容易受到腐蚀破坏，因此需要在板管组和风机之间安装挡水装置。鼓风式蒸发冷凝换热器内部气体流动不均匀，但风压大，适合在风道距离过长的场合使用。

2. 按结构形式不同

蒸发冷凝换热器可分为盘管式、板式和管板式三类。

（1）盘管式蒸发冷凝换热器（图 3.3-3）是使用较普遍的一种蒸发冷凝换热器，其盘管制作工艺成熟、价格低廉、换热稳定，并可以通过改变其管形来强化传热，达到更高的换热效率。圆管的传热机理是最常见的，管外侧通过喷淋水与空气接触、发生热质交换后喷淋水水温降低，附着在管子表面，通过管壁的导热作用将管内壁上的热量带走，管内流体通过管内对流换热，使自身热量传递到管内壁上。盘管式蒸发冷凝换热器又因管形的不同，分为圆管、椭圆管、异形管、波纹管、扭曲管等。

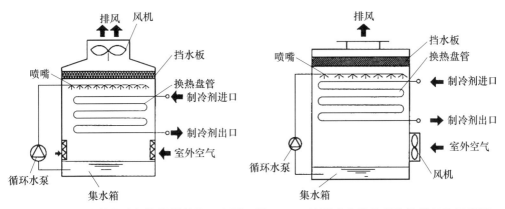

图 3.3-1　吸风式蒸发冷凝换热器结构示意图　图 3.3-2　鼓风式蒸发冷凝换热器结构示意图

图 3.3-3　盘管式蒸发冷凝换热器

椭圆管是在圆管的基础上,将管子做成椭圆状,可以有效地使喷淋水包覆在管子表面,不易形成干点,减小了结垢概率。

波纹管是在圆管的基础上,将管外壁加工成波纹状,这样做的好处有两个:一是可以通过波纹来达到扰动喷淋水的流态,使其对流传热系数增加,从而达到强化传热的目的;二是波纹状的管形相当于增加了一定的换热面积,并且使液体流动受到一定的阻力,增加换热接触时间,从而达到强化传热的目的。

从空气流的角度看,扭曲管的特殊长短轴形状使管水平间距增大的同时,垂直间距减小,即空气导流面积增大,而阻力面积减小;同时,管截面方向的不断变化使管间空气不断变化流向,以较小的整体流量保持较高的局部流速。空气局部焓值减小,流体流动路线加长,也可使热湿交换更充分,从而强化传热过程。

从水分布的角度看,扭曲管顶端曲率半径较小,水膜更容易附着,在管主体面可以双面湿润,水膜覆盖率增大;同时,由于螺旋状通道的导向和应力作用,水膜湍动程度增大,在管表面滑移速度及更新速率都加快,厚度减小,水膜传热速率得到大大提升。换热完成后,水膜相对圆管更容易从管底部脱落。

(2)板式蒸发冷凝换热器(图3.3-4)的核心部件是换热板片,制冷剂从板内部流过,板外部由于淋水与空气的作用使水蒸发,带走管内侧的冷凝热。板式蒸发冷凝换热器又由于其换热板不同，可分为平板换热器、波纹板换热器、凹凸板换热器、内翅板换热器。其特点是结构紧凑、体积小，易形成均匀的水膜。板式蒸发冷凝换热器的换热板组是用薄金属板压制成具有一定波纹形状的换热板片组装而成，热流体依次流经两块板片间形成的通道，并通过此板片换热。单位压降下，换热板组的传热系数是换热管组的 3～5 倍，占地面积为其 1/3，金属耗量仅占其 2/3，因此换热板组是一种高效、节能、节约材料、节约投资的热交换设备。将换热板组应用于蒸发冷凝换热器，突破了传统盘管结构特点，是一种新型的蒸发冷凝换热设备。

（3）管板式蒸发冷凝换热器（图 3.3-5）是将换热管之间插入金属板，管子与金属板之间用固定件固定，保证了管与板的良好接触。

图 3.3-4　板式蒸发冷凝换热器

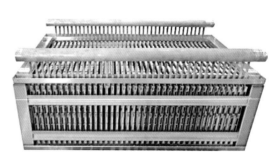

图 3.3-5　管板式蒸发冷凝换热器

3. 按空气与水膜流动方向不同

蒸发冷凝换热器分为顺流式、逆流式和横流式蒸发冷凝换热器。

　　顺流式蒸发冷凝换热器（图 3.3-6）的空气掠过盘管的方向，与喷淋水的流向一致；逆流式蒸发冷凝换热器（图 3.3-7）的空气掠过盘管的方向，与喷淋水的流向相反。相比于逆流式，顺流式蒸发冷凝换热器的优点在于：不会因为流向相反，而使盘管表面附着的水膜被空气吹破，破坏传热；但逆流式蒸发冷凝换热器能获得更高的传热系数。

　　图 3.3-8 为横流式蒸发冷凝换热器。室外空气有两个进风口进入机组，一个排风口排入大气。工作时，循环水在水泵的作用下经过冷凝盘管上部的布水装置并由喷嘴喷出，均匀地覆盖在冷凝盘管表面。冷凝器的上部相当于吸入式的蒸发冷凝换热器，下部相当于冷却塔。在风机作用下，室外空气向下掠过盘管与喷淋水顺流，然后经挡水板进入右侧的静压箱。喷淋循环水经盘管后流入下部的冷却塔填料层中，被另一股空气流冷却。因此，喷淋在盘管上喷淋循环水的水温比常规蒸发冷凝换热器的水温要低。可以比常规蒸发冷凝换热器获得较低的冷凝温度，但换热器体积偏大。

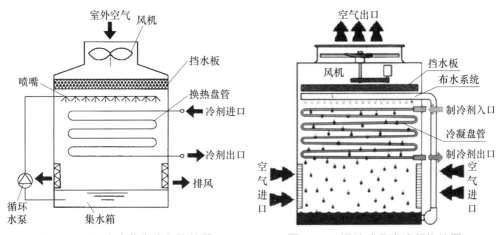

图 3.3-6　顺流式蒸发冷凝换热器　　　　图 3.3-7　逆流式蒸发冷凝换热器

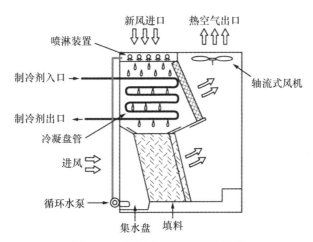

图 3.3-8　横流式蒸发冷凝换热器

3.4   蒸发冷凝换热器的材质

蒸发冷凝换热器材质有铜质材料、钢质材料、碳钢加热浸镀锌材料、SUS304不锈钢或SUS316L不锈钢材料等。

采用盘管式换热器时，一般采用铜管（图3.4-1）、不锈钢管（图3.4-2）、热浸镀锌钢管。产品一般需对铜管进行硬化、防铜绿处理。采用铜质材料，能够有效减缓换热器的腐蚀速度，提高设备使用寿命，铜质耐酸腐蚀，如水质呈酸性，会较快地腐蚀304不锈钢。

图 3.4-1　铜管材质圆形盘管　　　　图 3.4-2　不锈钢材质椭圆形盘管
　　　　　蒸发冷凝换热器　　　　　　　　　　蒸发冷凝换热器

当采用板式换热器时，主要采用碳钢热浸镀锌、SUS304不锈钢。由于铜板材质较软，且铜板的耐压常常达不到设计要求，故板式换热器不采用铜制。

3.5   蒸发冷凝空调制冷设备

3.5.1   蒸发冷凝式冷水机组

1. 工作原理

蒸发冷凝式冷水机组是以喷淋循环水作为冷却介质来散热，结合风冷式和水冷式的优点而发展起来的一种冷水机组。它主要由蒸发器、节流元件、压缩机和蒸发冷凝换热器四个主要部件及其他附属部件构成。工作时，压缩机吸入从蒸发器出来的高温低压的制冷剂蒸汽，使其压力升高后送入蒸发冷凝换热器。在管外喷淋循环水及室外空气共同作用下，被冷却变为低温高压的制冷剂液体，再进入节流装置，变为低温低压的制冷剂液体后送入蒸发器蒸发吸热。冷却高温冷冻水，变为高温低压的制冷剂蒸汽，再进入压缩机，完成一个循环。制冷剂液体进入蒸发器后，蒸发吸热，制取低温冷冻水。低温冷冻水沿冷冻水管被分配到空调末端来吸收房间热量，而升温后的冷冻水再回到冷水机组蒸发器内，完成冷冻水循环。蒸发冷凝式冷水机组的工作原理见图3.5-1。

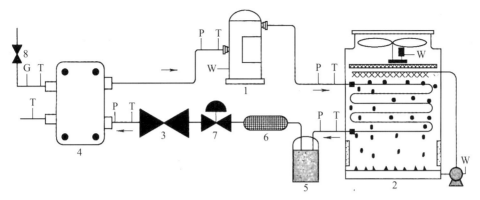

G—涡轮流量传感器；T—铂热电阻；P—压力变送器；W—功率表；
1—压缩机；2—蒸发冷凝换热器；3—膨胀阀；4—蒸发器；
5—储液器；6—干燥过滤器；7—电磁阀；8—阀门

图 3.5-1　蒸发冷凝式冷水机组工作原理

2. 分类

蒸发冷凝冷水机组可分为分体式蒸发冷凝冷水机组（图 3.5-2）和整体式蒸发冷凝冷水机组（图 3.5-3）。

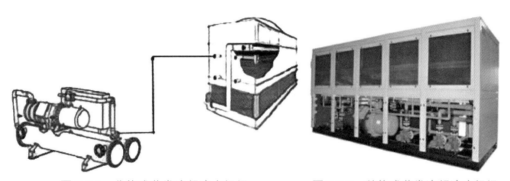

图 3.5-2　分体式蒸发冷凝冷水机组　　　　图 3.5-3　整体式蒸发冷凝冷水机组

分体式蒸发冷凝冷水机组将压缩制冷机组与蒸发冷凝换热器分开设置，两者之间通过制冷剂管道连通。相比冷却塔＋压缩制冷机组形式，蒸发冷凝换热器＋压缩制冷机组形式的机组散热效果更好，制冷能效比高。

整体式蒸发冷凝冷水机组将机组做成一体化形式，压缩机、蒸发冷凝换热器、节流装置、蒸发器等制冷部件及布水装置都安装在一个制冷机组内，结构更紧凑、机组冷量配置灵活，可模块化组合，安装、布置方便。

图 3.5-4 所示为 2019 年中国制冷展上展出的蒸发冷凝冷水机组。蒸发冷凝冷水机组是一种高能效的空调设备，目前已经在地铁空调系统中得到应用，因其避免了冷却塔设置问题，布置较为灵活。在满足温湿度要求的同时，降低了系统能耗，对地铁通风空调系统的节能具有现实意义。该蒸发冷凝式冷水机组采用平面液膜换热技术，布水均匀，换热效率高。

图 3.5-4　蒸发冷凝式冷水机组

3.5.2　蒸发冷凝式直膨机组

1. 工作原理

蒸发冷凝直膨空调系统属于冷剂式空调,通过压缩机消耗电能,使制冷剂在管路中相变,完成逆卡诺循环,实现空调制冷。该系统的组成设备主要包括蒸发冷凝装置、压缩机和直膨式空调柜,见图 3.5-5。其制冷原理如下:

(1)制冷剂在压缩机处实现绝热压缩,由低温低压气态压缩为高温高压气态,蒸发冷凝装置起到冷凝器的作用;

(2)制冷剂在冷凝器位置实现定压冷凝,由高温高压气态冷凝为中温高压液态,直膨式空调柜先后起到膨胀阀和蒸发器的作用;

(3)制冷剂在节流阀处实现等焓节流,由中温高压液态变为低温低压气液两相;

(4)制冷剂在蒸发表冷段实现定压蒸发,由低温低压气液两相变为低温低压气态,制冷剂蒸发期间吸收空调风中的大量热量,实现空调风的冷却。

2. 分体式蒸发冷凝空调

分体式蒸发冷凝空调与常规家用分体式空调的结构类似,只是将室外机的冷凝器做了特殊的设置,由原先的铜管铝箔换热器更换为具有蒸发冷凝功能的换热器,如图 3.5-6 所示。其主要做法是将冷凝器与填料耦合,放置在室外机中,并通过室外机中的循环水不断地喷淋蒸发,吸收冷凝器的热量。夏季时,这样的设计可以较原先的冷凝温度降低 5～8℃,有效地降低了整机的能耗。

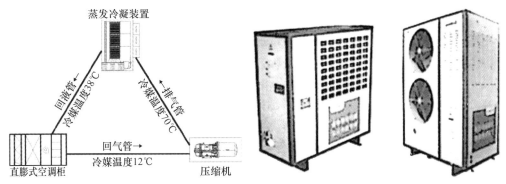

图 3.5-5　蒸发冷凝式直膨空调系统
工作原理图

图 3.5-6　国内某厂家推出的分体式
蒸发冷凝空调室外机

3. 蒸发冷凝新风机组

将蒸发冷凝制冷机组与新风处理机组合为一体或分体，运行过程可回收空调排风及冷凝水余冷，新回风不存在交叉污染的问题，机组能效比较高，节能效果好，可装在室内或室外。与多联式空调系统配合，可用于任何多联机空调场合。蒸发冷凝全热回收新风机组与普通的多联机新风机的特点比较如下：

（1）蒸发冷凝全热回收新风机具有高能效比，标准工况下能效比 *EER* 达到 5.2W/W 以上。与传统的多联机新风机相比，可实现节能 40% 以上。

（2）利用低温低湿的室内排风（包括卫生间的排风）作为蒸发冷凝换热器的冷却空气，既利用了室内排风的显热（温度差），也利用了室内排风的潜热（湿度差），冷凝效果大大优于直接采用室外空气作为冷却空气，避免了因空气的置换通风而造成的能量损失；与传统的多联机新风机相比，节能 50% 左右；而采用传统的多联机新风机不能回收室内的低温低湿的空气，白白浪费了这部分可回收的冷量。

（3）过渡季节利用全新风承担室内负荷，仅运行送风、排风实现自动换气，而无须启动压缩机；同时，也无须配置独立的通风换气系统，节能效果更显著。

（4）将上一层空调室内机的冷凝水直接引入新风机组冷却系统中，作为喷淋循环水，冷凝水温度更低，回收了冷凝水的冷量，使得制冷效率更高；同时，进一步节约了喷淋循环耗水量。

3.5.3　蒸发冷凝式热泵机组

蒸发冷凝热泵机组在运行制热工况时，也属于一种空气源热泵，是以原蒸发冷凝换热器作为热源端，使用端换热器提供热水，通过改变制冷剂流向来实现制热功能，其工作原理见图 3.5-7。

如果冬季作为空气源热泵运行，在制热工况下，可用的换热面积偏少。因此，必须使用循环水扩大换热面积，一般还会在蒸发冷凝换热器侧增加填料，扩大循环水与空气的换热面积，强化换热。在蒸发冷凝换热器外表侧喷水后，由于循环水与蒸发冷凝换热器的制冷剂管道或管板换热的传热系数较高，可以在当前换热面积下，循环水释放热量给蒸发冷凝换热器中管道或管板内侧的制冷剂；再通过扩充换热面积的填料，使空气与循环水有足够的热交换面积，从而使循环水从空气中吸收热量。

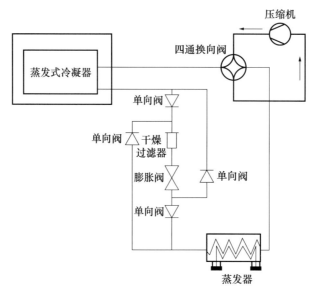

图 3.5-7　蒸发冷凝式热泵机组系统原理

低环境温度下，如果水温进一步降低，达到水的冰点，会致使水结冰，使蒸发式冷凝热泵无法正常运行。因此，需要在蒸发冷凝换热器的循环水中添加防冻剂，使机组正常、稳定地运行。

因此，在冬季低环境温度（0℃以下）工况下运行时，机组喷淋循环水系统须添加防冻剂（丙三醇）等进行防冻，且须确保丙三醇水溶液浓度对应的冰点比环境温度低2℃以上；另外，须定期按对应参数检测防冻剂水溶液的实际浓度，浓度不足时须及时补充。

第4章 蒸发冷凝换热器填料

4.1 概述

蒸发冷凝换热器中填料的应用十分广泛，填料在蒸发冷凝换热器上的运用原理与在冷却塔上的使用原理相同。在换热盘管周围设置填料热交换层，以降低水温。填料在不同位置起到不同的作用，根据功能和安装位置，可分为平行平板、蜂窝状填料、交错波纹板等多种类型。填料在蒸发冷凝换热器中有增加流体滞留时间、均匀布水、防止喷淋水飞溅、增加气液接触扰动的作用，从而使换热性能增强，提高了冷却效率。如图4.1-1所示，将填料使用在布水器与换热板片的中间，用以降低布水器洒下的喷淋水温度，有利于得到低温度的喷淋循环水冷却换热板片内的制冷剂。在每两块换热板片之间插入一块表面凹凸的填料，用以增加喷淋循环水在换热板片间的停留时间，使气流掠过时充分蒸发吸热。填料不仅起到了延长传热传质时间的作用，还起到了挡水又不影响通风的作用。填料还可以大量使用在换热板片下方与集水槽之间，扩大喷淋循环水和冷却空气的接触面积，强化冷却效果，使喷淋循环水既有相对较低的温度进入换热板片间，又在换热板片间能充分作用，从换热板片流出后还能得到更好的冷却。

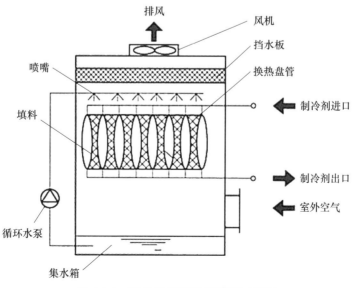

图 4.1-1　蒸发冷凝换热器填料示意图

　　图 4.1-2 为填料使用实物图，图中展示抽取部分填料后内部喷淋循环水流动情况，喷淋循环水从换热板片出来后，经过很短的距离垂直落入集水槽中，填料的增加阻挡水流顺利下流，进行二次换热。图 4.1-3 是这一区域填料表面的波纹形状，表面波纹方向顺水流走向，既延长了水流的停留时间，又不会导致水流长时间停滞在表面，形成污垢而影响换热性能。

图 4.1-2　填料内部喷淋循环水工作情况　　　图 4.1-3　填料表面结构

4.2　填料材质

　　目前，常见的填料材质有无机填料（以 GLASdek 为典型代表）、有机填料（以 CELdek 为典型代表）、金属填料（不锈钢或铝箔）等。无机填料是以玻璃纤维为基材，经特殊成分树脂浸泡，再经烧结处理的高分子复合材料；有机填料是由加入了特殊化学原料的植物纤维纸浆制成的；金属填料主要由铝箔和不锈钢制成，其材质的特殊性决定了其吸湿性能远远落后于无机填料和有机填料，但其耐腐蚀性能优于上述两种填料。

　　西安工程大学宣永梅对填料的性能进行了分析评价，其性能对比见表 4.2-1。填料热工性能优劣直接影响填料的总体性能，关系着换热效果及蒸发冷凝换热器外形尺寸。它与其结构、填充方式、比表面积等因素有关，各种不同填料热工性能对比如表 4.2-2 所示。无机填料由强吸水性材料制成，所以其具有良好的湿挺度，不随水流、气流的作用而分解，具有抗霉、耐腐蚀、阻燃、易清洁、使用寿命长等优点，但发脆易碰碎，在运输与安装过程中容易造成损坏；有机填料由于由植物纤维纸浆制成，其热工性能好、价格便宜，化学成分不会随着水流、气流的作用而分解，具有易清洁、使用寿命长等良好性能，但它易燃且湿挺度较差并且容易被撕破；金属填料选用很薄的不锈钢板或铝箔作为原料，结构上设计了空气与水交叉流动的结构，阻力小，但其吸湿性较差。填料的防腐性能决定着机组健康及其寿命长短，无机填料与金属填料耐腐蚀性良好，有机填料自身耐腐蚀性差，需要进行抗腐浸渍处理；物理性能如密度、湿挺度及强度，其中湿挺度较为重要，金属填料的材质决定它的湿挺度和强度较好，经久耐用。目前，蒸发冷凝换热器中采用 PVC 材料的较多。PVC 填料性能稳定、耐蚀性能优异，而且其三维特殊结构有很大的比表面积，通常可达到盘管表面积的十几倍甚至几十倍以上，极大地提高了喷淋循环水的传质面积。使用填料与盘管组合形式的蒸发冷凝换热器，喷淋循环水经二次换热，平均温度较单独使用盘管形式可降低 6～8℃，更接近环境湿球温度，明显提高了传热温差。

几种填料热工性能的对比　　　　　　　　　　　　　　　　　表 4.2-1

填料	比表面积	填充方式	吸湿性	阻力	热工性能
无机填料	较大	规则	好	小	好
有机填料	较大	规则	好	小	好
金属填料	较大	规则	差	小	差
木丝填料	大	自由	较好	大	较好
无纺布填料	大	自由	较好	大	较好

几种填料不同性能的对比　　　　　　　　　　　　　　　　　表 4.2-2

填料	热工性能	防腐性能	除尘性能	防火性能	物理性能
无机填料	好	好	好	好	好
有机填料	好	较好	好	差	较好
金属填料	差	好	较好	好	好
木丝填料	较好	较好	较好	差	较差
无纺布填料	较好	较好	较好	差	较差

4.3　有无填料的换热特性对比

以某品牌蒸发冷凝换热器为例，对比有无填料蒸发冷凝换热器的换热特性，相关参数如表 4.3 所示。其中，VCA-342A 和 VCA-581A 为无填料形式，CXV-416 产品为盘管加填料形式。操作条件相同，冷凝工质 R717，冷凝温度 35℃，湿球温度 27℃。蒸发冷凝换热器 VCA-342A 和 CXV-416 具有相同的盘管换热面积。由于 CXV-416 采用填料对喷淋水进一步降温，提高传热温差，使换热量提高 71% 以上；而采用无填料的 VCA-581A，盘管换热面积须要增加一半以上才能达到相同的排热量。该条件下，VCA-342A 和 VCA-581A 产品的热通量分别为 3.5kW/m² 和 3.9kW/m²，而 CXV-416 的热通量为 6.0kW/m²，可见填料的使用使盘管的换热效率有明显提高。

有无填料产品特性对比　　　　　　　　　表 4.3

型号	排热段 / kW	风量 / （m³/s）	喷淋水量 / （L/s）	喷淋密度 / [kg/(m·s)]	风扇电机 功率 /kW	水系电机 功率 /kW	盘管容积 / L
VCA-342A	869.2	28.2	38.5	0.05	8.0	4.0	1368
VCA-581A	1476.6	48.4	58.0	0.05	5.5/11.0	5.5	2060
CXV-416	1490.7	53.0	54.0	0.09	5.5/11.0	5.5	1356

　　制冷换热特性对比结果如图 4.3-1 和图 4.3-2 所示。当制冷量需求加大时，压缩机排气压力升高，相同盘管面积的 VCA-342A 和 CXV-416 传热特性对比情况如图 4.3-1 所示。由图可以看出，随着冷凝温度的增加，排热量都有明显增加，而且使用填料的 CXV-416 排热量增加的趋势更明显。相同工况下，相同排热量的两种冷凝器 CXV-416 和 VCA-581A 随环境湿球温度变化情况如图 4.3-2 所示。CXV-416 换热特性没有因为减少了 52% 的盘管面积而受到明显影响，这表明填料替代部分盘管的设计模式的换热特性完全可以满足工况变化的需求。盘管表面的换热主要是显热形式，而通过填料蒸发的潜热量将超过 80%。在填料表面蒸发替代盘管表面的蒸发过程，循环水在填料表面折流行程更长且流速小，不但保证较长的气液传质时间，而且水中的固体悬浮物会更多地沉积在填料表面，降低盘管表面的结垢现象。填料表面结垢层对喷淋循环水进一步蒸发降温的影响较小，又由于盘管表面更低的循环水温，增加了钙、镁等离子在水中的溶解度，进一步缓解了盘管的表面结垢。相对于全部采用盘管的方式，延长了设备维护周期，产品长期运行的稳定性也明显提高。两种类型产品特性参数的明显区别在于喷淋水量，有填料的产品采用常规无填料产品将近两倍的喷淋密度，从主要依靠填料表面蒸发来降低喷淋水温的角度来考虑，目的是提高盘管表面喷淋水的湍流程度，提高盘管表面对流传热系数，减少水中固体悬浮在盘管表面的沉积结垢，保证喷淋水在填料表面较大的有效蒸发传质面积。从产品技术参数上来看，尽管喷淋水量相同，由于盘管面积减小，喷淋密度较常规产品 [0.03～0.06kg/（m·s）] 提高了大约 1 倍，盘管表面喷淋水能确保接近 100% 的覆盖率，结合风水同向流动设计，避免了水膜分布不均或被风吹扫出现干斑而加重结垢的现象。另外，从外形尺寸来看，尽管相差不大，但设备内部维护及检修空间却有明显差异。CXV-416 盘管安排在上箱体的一侧，占用空间较小，下箱体设有检修门，内部检修空间宽大，可以非常直观地对喷嘴、盘管及驱动系统进行巡检。多年的应用实践也证明了采用填料降低循环水的温度非常有效，设备质量及维护成本也得到了进一步的降低。因此，选择蒸发式换热器时，不能仅考虑一次性投资，还要从产品长期运行稳定性及维护成本角度考虑。根据两种模式的比较结果，推荐采用填料与盘管结合的换热方式，能够缓解盘管结垢现象，产品长期运行的稳定性有明显提高。

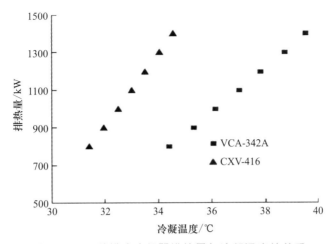

图 4.3-1　两种模式冷凝器排热量与冷凝温度的关系

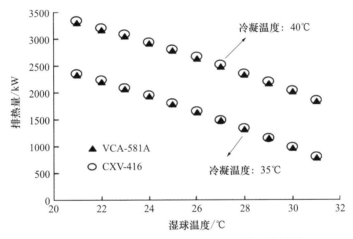

图 4.3-2　两种模式冷凝器排热量与湿球温度的关系

　　蒸发冷凝换热器采用盘管与填料结合的设计方式，较常规无填料产品有以下特点：

　　（1）维护更方便，喷淋水排污量更低，制造及运行成本进一步降低；

　　（2）采用填料替代部分盘管换热面积，对系统工艺及使用环境改变有较高的适应性；

　　（3）通过大比表面积填料的二次换热，热工质出口温度更低；

　　（4）盘管表面结垢现象得到明显改善，延长了设备的维护周期。

第5章　蒸发冷凝喷淋循环水处理

5.1　喷淋循环水水质要求

在我国水资源整体短缺的背景下，水资源的合理、有效利用尤为重要。蒸发冷凝换热器在考虑换热效果的同时，应考虑如何节水。目前，最常用的做法是使用喷淋循环水。为了保证蒸发冷凝换热器的正常运行，循环水质的好坏就显得尤为重要。若水质不佳，则极易发生腐蚀、结垢、微生物粘泥等水质问题，增加管道阻力，导致蒸发冷凝设备的使用使用寿命大幅降低。故喷淋循环水的处理是蒸发冷凝技术中十分重要的一环。

喷淋循环水处理设备对蒸发冷凝换热器的冷却循环水进行处理，使循环水水质达到国家相关标准，确保喷淋循环水系统安全且正常运行，进而保证机组的正常运转。主要功能应包括软化、过滤、除藻、除垢、防腐、灭菌等。开式喷淋循环水处理水质必须符合《采暖空调系统水质》GB/T 29044—2012对水质的要求（表5.1-1）。

喷淋循环水的水质要求 表 5.1-1

检测项	单位	直接蒸发式		间接蒸发式	
		补充水	循环水	补充水	循环水
pH（25℃）		6.5～8.5	7.0～9.5	6.5～8.5	7.0～9.5
浊度	NTU	≤ 3	≤ 3	≤ 3	≤ 5
电导率（25℃）	μS/cm	≤ 400	≤ 800	≤ 400	≤ 800
钙硬度（以 $CaCO_3$ 计）	mg/L	≤ 80	≤ 160	≤ 100	≤ 200
总碱度（以 $CaCO_3$ 计）	mg/L	≤ 150	≤ 300	≤ 200	≤ 400
Cl^-	mg/L	≤ 100	≤ 200	≤ 150	≤ 300
总铁	mg/L	≤ 0.3	≤ 1.0	≤ 0.3	≤ 1.0
硫酸根离子（以 SO_4^{2-} 计）	mg/L	≤ 250	≤ 500	≤ 250	≤ 500
NH_3-N[a]	mg/L	≤ 0.5	≤ 1.0	≤ 5	≤ 10
CODcr[a]	mg/L	≤ 3	≤ 5	≤ 30	≤ 60
菌落总数	CFU/mL	≤ 100	≤ 100		
异养菌总数	个 /mL				≤ 1×10^5
有机磷（以 P 计）	mg/L				≤ 0.5

[a]　当补充水水源为地表水、地下水或再生水回用时，应对本指标项进行检测与控制。

5.2　喷淋循环水系统存在的问题

1. 结垢

喷淋循环水补水一般采用自来水。自来水有一定的硬度。喷淋循环水系统产生结垢的原因是水温是动态变化的。特别是在负荷波动比较大的情况下，水温的变化会加速水垢的形成。硬度很高的喷淋循环水运行一段时间后，会在蒸发冷凝换热器换热器表面产生大量水垢，这主要是水中的碳酸氢钙发生如下反应所致。

$$Ca（HCO_3）_2 \rightarrow CaCO_3 + CO_2 + H_2O$$

换热器是蒸发冷凝的核心部件，其结构和换热性能直接决定了蒸发冷凝换热器的换热性能。换热器一般分为管式换热器、板式换热器及管板式换热器。

为了防止喷淋循环水系统结垢，目前多采用电子处理方法（包括静电处理、电磁极化、高频电场磁化等）。但是，如果对电磁水器的安装数量及安装位置设计的不合理，会对水系统产生腐蚀。负面作用远远大于正面作用，对空调设备及水系统造成严重的危害。如上海某建筑全进口中央空调，设计部门在水系统中设计并安装了约 10 多台电磁水处理器，运行中没有再采取其他水处理方法。设备仅运行了一年半就产生了严重腐蚀。经化验，水样中 Cu^{2+} 离子浓度高达 50mg/L，Fe^{2+} 离子高达 200mg/L。

2. 污泥与藻类

由于喷淋循环水温度适宜，容易滋生大量的细菌、微生物及藻类。藻类易在换热器表面积聚，降低传热效率。目前，很多冷水机组所安装的除污器都是 Y 型过滤器，装在冷却水泵入口前的立管上。这种 Y 型过滤器，只能捕捉设备运行初期的建筑垃圾，防止这些垃圾进入冷凝器，不能在日常运行中捕捉细小水垢和锈垢，因此会引起冷凝器积垢、积泥和其他杂质。另外，目前很多单位的中央空调冷却水系统最低处都没有安装快速排污阀，部分单位还用封堵塞住了这些排污口。其实，这种做法是错误的，易使制冷机组内积聚污泥和杂质，影响热交换效率。凡采用电磁水处理的冷却水系统，都要安装排污管道进行连续排污，排污量可控制在循环水量的 0.5%～1.0% 左右。开式循环冷却水系统须设置过滤器。过滤器的过滤能力，根据当地大气的含尘量等情况，可考虑按循环水量的 1%～5% 或结合实际情况来选择，以获得较好的处理效果。对其他新安装的冷却水系统或已完全除垢的冷却水系统，也可以每 1～2 周排污一次。

3. 腐蚀

喷淋循环水系统发生的腐蚀多属于电化学屑蚀，影响蒸发冷凝换热器或管道腐蚀的因素有水的溶解氧、pH 值、离子含量等。

$$阳极：Fe \rightarrow Fe^{2+} + 2e$$

$$阴极：\frac{1}{2}O_2 + H_2O + 2e \rightarrow 2OH^-$$

阴阳两极反应所生成的 $Fe(OH)_3$，就是通常所生成的铁锈，而一般肉眼看见的铁锈是 $Fe_2O_3 \cdot nH_2O$，也叫含水氧化铁。如果喷淋循环水系统中的冷凝器是铜管，当水中存在有 Cu^{2+} 时，即使其在水中的浓度很低，但它是阴极反应的去极化剂，因而对腐蚀有明显的促进作用。

$$阳极：Fe \rightarrow Fe^{2+} + 2e$$
$$阴极：Cu^{2+} + 2e \rightarrow Cu$$

随着 Cu^{2+} 浓度的增加，腐蚀反应加剧，最终使铜管腐蚀穿孔。一般情况下，如果加入缓蚀剂（钝化剂）或通过电磁处理，可以解决腐蚀问题。

5.3　喷淋循环水处理技术

为了使制冷机组正常运行以及消除冷却塔内细菌滋生的问题，必须对喷淋循环水系统和水质进行严格的控制与管理。目前，对喷淋循环水系统，除了少量不进行处理或采取简单的排污来控制结垢或腐蚀外（如单采取排污，必须频繁进行，严重浪费水资源），绝大部分工程对水质的处理技术可以分为两大类（表5.3）。一种是药物处理＋过滤＋定期排污方式，另外一种方式是电磁（包括静电、电子）处理＋过滤方式。其中，后者主要包括电磁水处理器、静电水处理器、电子水处理器和高频电子水处理器（有时也统称为电子水处理器）等几类。电化学水处理技术是一种环境友好型的水处理技术，它是以电化学基本理论发展而来的一种新型水处理技术。无需向水中投加任何化学药剂，体现了水处理低污染、绿色化学的特点。无污染、零排放，安全易操作、节能降耗、绿色环保。电化学除垢机主要由控制主机和吸垢器两部分组成。通过向水中施加特定电场，在电场的作用下，被处理的水发生电解反应。在阴极发生还原反应产生的 OH^-，打破阴极附近溶液的碱度与硬度平衡，使 HCO_3^- 转化为 CO_3^{2-}。水中的 Ca^{2+}、Mg^{2+} 等成垢离子因静电引力的作用向阴极区迁移，生成 $CaCO_3$、$Mg(OH)_2$ 沉淀。原来沉积在金属表面的 $CaCO_3$ 由方解石结构逐渐转变为较为疏松的文石型结构，易于剥离脱落，从而达到去除水垢的目的。

喷淋循环水常见处理技术　　　　　　　　　　　　　　　　　表 5.3

项目	药物处理技术	电子处理技术
工作原理	通过化学反应	通过物理处理，使水分子变形
处理时间	短，处理过的水可随时排放	较长，不便于系统清洗
操作技术	复杂，药量需精确把握	简单，通电即可

续表

项目	药物处理技术	电子处理技术
硬度	容易提高水的硬度	不会提高水的硬度
异样菌总数	容易达标	难达标
适用范围	适用于南方、北方地区	不适用于南方地区
初投资	大	较大
运行费用	较大	小

蒸发冷凝技术中，水处理一般采取物理和化学结合处理的控制方法进行喷淋循环水的处理。

（1）物理方式：补水应根据需要设置软水装置，从源头控制钙镁离子浓度（并需要对软水装置的运行效果进行测试，确保其正常工作），喷淋循环水设置吸垢仪，采用磁场吸附水体中的钙、镁离子。

（2）化学方式：依据系统工艺情况、系统材质及补水水质条件，投加适量的阻垢缓蚀剂来控制系统结垢、腐蚀问题；交替投加两种杀菌剂来控制水中菌藻的滋生。但应采用自动加药方式，严格控制加药量及药剂成分，避免加入腐蚀 304 不锈钢或铜材的药剂。

此外，应对喷淋循环水进行定期或自动排污，优先采用自动排污。系统运行过程中，由设备在线监测循环水的电导率，超标立刻强制排水，保证水质稳定。水处理设备需自带就地控制箱，并应实现无人值守的全自动控制，可通过显示屏自动显示设备运行参数，具有自动反洗、排污功能。设备能够在系统正常运行的情况下，根据设定的浓缩倍数及压差、时间等参数自动实现反冲洗（浓缩倍数可根据水质调节）。

目前，绝大多数城市轨道交通车站空调水系统采用全程式水处理器或旁流式水处理器，基本原理为采用磁场吸附水体中的钙、镁离子的物理法除垢（图 5.3-2），且不具备加药功能，需要额外设置加药口进行人工加药（图 5.3-1）。实践证明，该种方法除垢效果不理想，排污用水量大，不能有效杀菌、灭藻，冷水机组冷凝器换热铜管、喷淋循环水管路等依然存在大量的结垢、淤泥，严重影响系统能效。推荐采用集多种功能及智能化技术于一体的综合性水处理解决方案，即"一体化水处理器"。一体化水处理器实现了防腐缓蚀、防垢除垢、杀菌灭藻、自动清垢排污、电导率检测、自动排污、自动反冲洗、自动加药等功能全覆盖，附加设备全自动在线清洁功能、远程智慧运维功能，具有高效节能、减少排污、绿色环保、智慧运维等特点。

一体化水处理器工作时，使水体产生电气分解，将水的活性氧元素及部分氢元素分开，在水中产生一定量的活性氧自由基。它可破坏生物细胞的离子通道，改变细菌、藻类的生存环境，因而具有很强的杀菌、抑藻效力。由旁流型电化学水处理装置产生高频电流，通过收集器的阳极和阴极作用于水中，使水分子的物理特性发生变化。原来水中溶有盐类离子的大分子水裂变出活性小分子水，利用特殊金属材料做的收集装置，使水中裂变出来的钙、镁离子吸附于网状收集装置的阴极并形成结晶，定期将它清除，从而降低水中钙、镁离子的含量，达到阻垢、软化水质的目的。智能加药设备在运行过程中，在线监测循环水的电导率，超标立刻强制排水，保证水质稳定，定期化验、检测系统运行时水质的变化情况，针对水质变化及时进行加药量及强制排水量的调整，起到节水、节药、节电的效果。推荐新建车站采用一体化水处理器，或对已建车站进行水处理改造（图5.3-3、图5.3-4）。

图5.3-1　自动加药机

图5.3-2　不锈钢吸垢仪

（a）空调季初期

（b）使用数月后

图5.3-3　改造车站换热器实物图

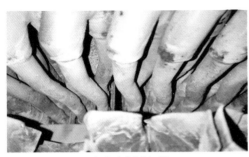

（a）空调季初期　　　　　　　　　　（b）使用数月后

图 5.3-4　未改造车站换热器实物图

第3篇

轨道交通行业引领的蒸发冷凝新技术发展

蒸发冷凝技术在国内较早应用于冷库、化工制冷系统。随着蒸发冷凝技术的发展，宾馆、办公楼、商场等民用建筑和厂房车间、温室等空调设备也有部分采用了蒸发冷凝式换热器。此外，蒸发冷凝式换热器还用于啤酒、食品、饮料、制药、石油、化工等行业。

近年来，随着我国城市化进程的快速推进，作为城市公共交通网络重要组成部分的城市轨道交通网络建设也在快速发展。城市轨道交通的地下车站受当地气候条件和行车需求的影响，内部空间的热负荷较大，依靠简便的通风方式已经无法经济、有效地为人员和设备运转创造适宜的内部空气环境，需要采用空调方式进一步地解决。这样，作为冷源系统的主要构成部分的冷却水系统中的关键组成设备之一的冷却塔就必须予以使用，而冷却塔的安放位置和空间都有其自身要求，系统上合理的做法是将冷却塔设置在地面上，通过水管将其与设置在地下车站制冷机房中的冷却水泵和冷水机组相连接。实际工程中经常出现的做法是将冷却塔的设置与地面的风亭相结合。这种做法下，风亭与冷却塔组合体的体量就非常庞大，对地面就会造成景观方面的影响，尤其是对中心城区的地铁车站。同时，冷却塔运行期间，漂水、噪声及卫生等问题经常引起周边居民的投诉（图 3.0-1）；部分地下车站由于地面景观要求较高，受所在位置的地面条件限制较多，在地面上设置冷却塔比较困难。以上问题，需要采取合理、稳妥的技术手段加以解决。

目前，国内外城市轨道交通解决地面冷却塔设置问题曾经采用的方案，归纳为以下五种：

（1）集中冷冻站：冷冻站和冷却塔集中设置在地面，冷冻水通过区间隧道输送。特点：输送能耗大、水管沿途热损失大、冷冻水管保温要求高、区间管线布置困难。

（2）集中冷却：冷却塔集中设置在地面，冷却水通过区间输送。特点：输送能耗更大，但沿途热损失小、保温要求低。

（3）地下设置风冷冷水机组：冷源采用风冷冷水机组，且设置在地下车站内。存在问题：制冷能效低，制冷系统能效 COP 甚至低至 2.5。

（4）冷却塔在地下或半地下设置。特点：冷却塔隐藏。消除了景观遮挡问题，但相应的占地拆迁问题并没有得以解决；相反，为保证冷却塔的运行效率，需要开挖的面积还要超过原有的占用面积。

（5）冷却塔上楼：与车站附近的物业结合，一般为同期建设较多；缺点：冷却水泵能耗增大、检修困难，设备管理难度大。

以上五种方案措施存在的连带问题较为突出，都没有大范围地进行应用。如何能够研发出一套合理的技术方案，既可以解决冷却塔设置在地面造成的景观环境问题，又可以实现空调水系统的运行节能，就成为摆在技术人员面前的一道难题。

图 3.0-1　冷却塔占地面积较大、破坏景观、影响环境

　　由于蒸发冷凝技术原理相比传统的风冷及水冷方式，有能效更高、节能、节水、占地面积小、城市景观影响小等优点，为城市轨道交通蒸发冷凝式通风空调系统的研究提出了一条新的技术路线。因此，结合城市轨道交通的实际工程建设和需求，将蒸发冷凝技术与城市轨道交通特点相结合，探索并研究新型设备及系统，为未来城市轨道交通通风空调系统发展提供新的发展方向，对城市轨道交通通风空调系统的创新发展具有重要意义。

第6章 整体式蒸发冷凝冷水机组技术

近年来，轨道交通行业在我国蓬勃发展，依托轨道交通的蒸发冷凝技术取得了长足的进步。蒸发冷凝技术的发展方向也逐渐趋于定制化、专业化及行业化。第一代整体式蒸发冷凝冷水机组主要采用管式换热器及整体式螺杆压缩机，并将冷冻水输配系统与排风机外置。该机组尺寸较大，不便于运输和安装，且管式换热器除垢难度较大。第二代整体式蒸发冷凝冷水机组在第一代基础上改进了蒸发冷凝换热器，常采用板式或管板式蒸发冷凝换热器，一定程度上提高了换热效率、便于清洗维护。由于地铁车站常常在部分负荷情况下运行，机组制冷量不能与地铁负荷很好匹配，外置排热风机也经常与机组运行工况不匹配。第三代高静压模块化蒸发冷凝冷水机组的出现一定程度上解决了上述问题，其特点是安装运输方便、内置高静压排热风机、部分负荷工况调节方便、能效高。为避免冷冻水泵与机组调节不匹配的情况发生，第四代集成冷冻水系统的一体式蒸发冷凝冷水（热泵）能源站应运而生，未来必将广泛应用于实际工程中。

6.1 第一代整体式蒸发冷凝冷水机组技术

6.1.1 设备概述

整体式蒸发冷凝冷水机组将冷水机组与蒸发冷凝换热器相结合，结构紧凑且具有高度集成性，减少了空调系统设备在地铁车站内的占地面积。整体式蒸发冷凝冷水机组由蒸发冷凝换热器、冷却风扇、喷淋循环水泵、压缩机、循环水箱、壳管式蒸发器等组成。整体式蒸发冷凝冷水机组如图6.1-1所示。

图 6.1-1　整体式蒸发冷凝冷水机组

6.1.2　主要组成

1. 盘管式蒸发冷凝换热器

特点：

（1）换热管选用金属材料，抗腐蚀、经久耐用。

（2）换热管连续弯曲成型，腐蚀泄露风险低。盘管如图 6.1-2 所示。

2. 高效节能压缩机

螺杆式压缩机采用高效双螺杆压缩机，应对变化工况使用安全，压缩机附卸载能量控制装置，可以实现多级或无级能量调节。转子为非对称转子，齿形，精度高，可保持最佳间隙值，以达到最高容积效率。如图 6.1-3 所示。

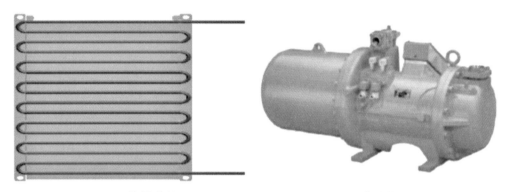

图 6.1-2　换热盘管　　　　　　　图 6.1-3　高效节能压缩机

3. 采用外置轴流风机强制排热

可避免气流短路，保证机组运行效率。

4. 喷淋循环水处理

机组采用水处理装置对喷淋循环水进行软化处理。如图 6.1-4 所示。

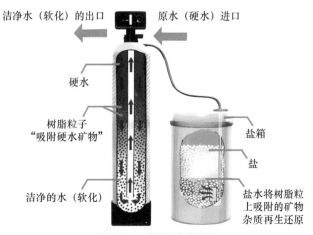

洁净水（软化）的出口　　　　原水（硬水）进口

硬水

树脂粒子
"吸附硬水矿物"

盐箱

盐

洁净的水（软化）

盐水将树脂粒
上吸附的矿物
杂质再生还原

图 6.1-4　软化水装置

6.1.3　与传统冷水机组对比

（1）整体式蒸发冷凝冷水机组采用无冷却塔技术，取消了地面冷却塔。 解决了由地面冷却塔带来的一系列问题：

1）征地难、协调难、布置难、工程投资大；

2）影响城市规划及景观、影响人居环境、冷却塔噪声、漂水、卫生等环境问题。

（2）整体式蒸发冷凝冷水机组采用了高效的蒸发冷凝换热技术和先进的智能控制技术进行系统优化，综合能效高，降低了运行费用。

（3）整体式蒸发冷凝冷水机组减少了建设规模，设备直接安装在站内，降低了建设投资。

6.1.4　应用方案

方案一：整体式蒸发冷凝冷水机组设置于新风井、排风井之间，如图 6.1-5 所示。出于景观的考虑，地铁车站风亭在有条件的情况下都会要求采用低风亭设置。目前，规范对于低风亭的设置间距要求为不小于 10m，因此可以在新风井、排风井之间的空间内设置制冷机房，将整体式蒸发冷凝冷水机组布置在机房内，一侧从新风道进风，一侧向排风道排热。

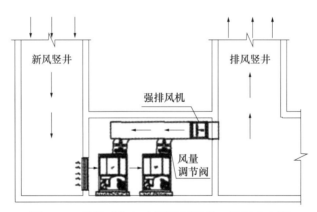

图 6.1-5　整体式机组布置于新风井、排风井之间

方案二：设置于车站制冷机房内

目前，很多车站将蒸发冷凝制冷机房设置于靠近风道的车站内，这为机组的有效通风排热创造了条件。由于整体式蒸发冷凝冷水机组体积略大于水冷螺杆机组，因此制冷机房面积与传统水冷式系统不会有太大的差异。但是，整体式机组设置于制冷机房内需要增设强排风机，将整体式机组所排出的热量强制排放到车站排风道内，因此对于制冷机房的高度存在一定的要求。相比水冷系统，制冷机房的高度需要增加 1m 左右，以设置排风管。

6.1.5　整体式蒸发冷凝冷水机组存在问题

第一代整体式蒸发冷凝冷水机组存在以下六个方面的主要的问题：

（1）设备体积庞大、质量大、设备运输困难、安装不便；

（2）设备气流组织要求高，容易出现气流短路；

（3）采用管式换热器、设备运行时存在换热"干点"，盘管易结垢，不易清洗维护；

（4）设备防腐性能差，寿命短；

（5）外置排热风机，风冷与冷量不匹配、部分负荷调节困难、设备运行中会产生"飞水"，耗水量较大。

6.2　第二代整体式蒸发冷凝冷水机组技术

由于第一代整体式蒸发冷凝冷水机组存在的问题，第二代整体式蒸发冷凝冷水机组主要对蒸发冷凝换热器形式进行了改进。第一代整体式蒸发冷凝冷水机组所用蒸发冷凝换热器为盘管式，而第二代采用板式或管板式蒸发冷凝换热器。

6.2.1　板式蒸发冷凝换热器

板式蒸发冷凝换热器的研究相对盘管蒸发冷凝式换热器滞后，但目前板式蒸发冷凝技术已相当成熟。实际应用中，板片的类型多种多样，目前出现的有凸凹板片、凸凹蛇形流道板片、波纹状板片、人字形板片等。与平面板片相比，板片表面的特殊结构不仅可以获得更大的传热面积，还可以起到改变流动状态、提高湍流脉动程度的作用。板片表面形状的变化，使流体不断改变流动方向和速度，可增强流体扰动，促使流动边界层的厚度减薄。同时，由于凹凸不平的表面结构，液膜的表面张力可以使板片表面尖峰上的液膜厚度大幅减薄，因此使板式蒸发冷凝换热器产生了良好的液膜薄层蒸发效果，从而强化了传热。

凸凹板片是使用冲压工艺将两块钢板有规律冲压，形成焊点，如图 6.2-1 所示。焊点呈错排排列，每个焊点周围凸起，形成鼓包。制冷剂在绕过前一排的焊点受到强化扰动后，到达下一排的焊点后又受到强化扰动。图 6.2-2 是两块板片形成板片单元的截面，制冷剂在板内流动，截面上未被焊接的区域形成制冷剂流道，需要绕过每个圆形焊点。原理与流体掠过管束外侧相同，具有传热系数大的优点。

图 6.2-3 为凸凹蛇形流道板片单元，制冷剂在流动过程中绕过圆形焊点并沿着长条形焊点构成的蛇形流道流动。两块板片之间被圆形焊点和长条形焊点焊接在一

起，制冷剂绕过圆形焊点，流体流动受到扰动，有助于强化传热。长条形焊点一端封死、另一端敞开，形成制冷剂多流程通道，延长制冷剂在板片内的停留时间，与板外水膜充分换热后流出。焊点数量根据板片的尺寸进行布置，两个长条形焊点之间可以布置多排交错排列的圆形焊点，对流经的流体不断进行扰动，增强制冷剂的冷凝传热。

图 6.2-4 是波纹板片，截面呈规律性的波纹形状。制冷剂在板片内沿着波纹流道流动，凹形曲面使流体流动方向不断变化，导致板片表面液膜厚度不断变化，边界层的厚度减薄，有利于板内外的换热活动。

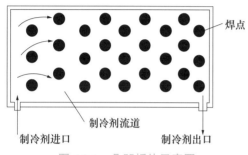

图 6.2-1　凸凹板片示意图

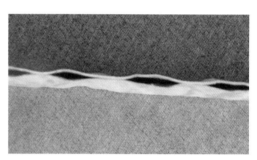

图 6.2-2　凸凹板片截面图

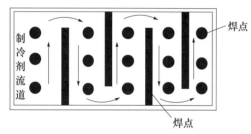

图 6.2-3　凸凹蛇形流道板片

图 6.2-4　波纹板片示意图

板式蒸发冷凝换热器相较于管式蒸发冷凝换热器，有一定的优点。管式蒸发冷凝换热器不方便除垢，在水处理方案不合理的情况下，易结垢且难以去除；而板式蒸发冷凝换热器方便除垢及清洗。管式蒸发冷凝换热器的壁厚小于板式蒸发冷凝换热器。当结垢导致蒸发冷凝换热器开始出现腐蚀时，管式蒸发冷凝换热器易出现漏氟等问题。

6.2.2　管板式蒸发冷凝换热器

典型的管板式蒸发冷凝换热器有以下形式。一种是将直径为 6～8mm 的紫铜管贴焊在钢板或薄钢板上，如图 6.2-5 所示；另一种是将管子装在两块四边相互焊接的金属板之间，管子与金属板之间填充共晶盐并抽真空，使金属板在大气压力作用下紧压在管子外壁上，保证管与板的良好接触，如图 6.2-6 所示。

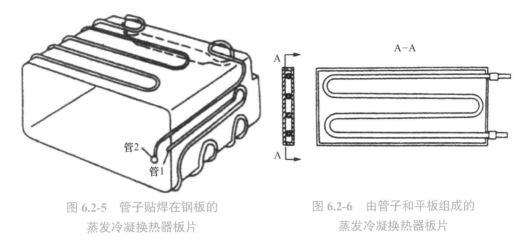

图 6.2-5　管子贴焊在钢板的　　　　　图 6.2-6　由管子和平板组成的
　　　　　蒸发冷凝换热器板片　　　　　　　　　　蒸发冷凝换热器板片

采用高效管板式蒸发冷凝换热器取代传统盘管式蒸发冷凝换热器，保证了喷淋循环水最大限度地湿润冷凝换热板片，并在板片表面形成很薄的一层水膜。在强化冷凝板片换热的同时，避免了换热器表面可能存在的易结垢现象。其次，管板型蒸发冷凝换热器采用耐腐蚀性强、导热性好、亲水性能优越的特殊金属材料，经激光焊接技术制造成型，使用寿命可以达到 20 年；并且，清洗和维护方便，具有良好的经济效益。

6.3　第三代高静压模块化蒸发冷凝冷水机组技术

已建成地铁工程中，蒸发冷凝冷水机组主要采用整体式。整体式蒸发冷凝冷水机组在实际运行中存在以下缺点：

（1）机组尺寸较大，地下车站需通过新排风井运输，运输条件有限，且存在需分段运输、现场组装的情况，实施难度大，影响工期及机组性能。

（2）为保证蒸发冷凝换热器的换热效果，目前整体式蒸发冷凝冷水机组一般外置排热风机，由于排热风机选型及控制不合理，也导致使用中存在漂水、风机能耗大、外置排热风机的风量与机组运行工况不能良好匹配等问题。

（3）地铁车站实际负荷变化大，机组不具备多级调节能力，机组的控制方式不符合车站负荷变化特性。

针对上述问题，高静压模块化蒸发冷凝冷水机组在地铁车站获得越来越广泛的应用。

6.3.1　设备概述

高静压模块化蒸发冷凝冷水机组制冷系统由集中控制柜、子机组（多台）、内部水管及阀门、内部控制线缆构成，可以根据地铁车站实际冷量需求调整子机组运行台数。集中控制柜通过控制线缆连接所有子机组，根据车站 BAS 系统指令或冷冻水回水温度控制子机组的启停和对应冷冻水管路的启闭。块机组控制线缆示意图见图 6.3-1。模块机组内部水系统原理图见图 6.3-2。

图 6.3-1　模块机组控制线缆示意图

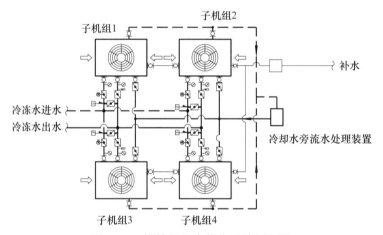

图 6.3-2　模块机组内部水系统原理图

6.3.2　主要组成

各子机组均含一套完整的制冷系统，包括压缩机、蒸发器、节流阀、蒸发冷凝式冷凝器、高静压风机等部件。压缩机一般采用涡旋式压缩机或小型螺杆压缩机，单台压缩机额定制冷量一般约为 80kW，每个子机组含 1~3 台压缩机，子机组额定制冷量为 80~240kW。高静压风机的机外余压可根据设计要求配置（一般为 300Pa），可满足机组在所有地铁地下车站的强制排风要求。模块化蒸发冷凝冷水机组实物图见图 6.3-3。

集中控制柜可根据子机组的状态（运行时间、故障状态等）确定对应子机组启停，保证每台子机组的运行时间基本一致。每台子机组自带水阀，单台子机组的故障不影响其他子机组的使用，从而提高机组的可靠性及整体寿命。

图 6.3-3　模块化蒸发冷凝冷水机组实物图

6.3.3　与整体式蒸发冷凝冷水机组对比分析

地铁车站在建筑形式、负荷特征等方面，与其他类型的建筑有明显差异：

一是地铁车站为地下空间，通过设置在车站两端的新风道、排风道与室外进行通风换气，新风道和排风道间一般具有 10m 左右的宽度用于设置冷水机房；

二是地铁车站负荷具有显著时变特性，不同时期（初期、近期和远期）负荷值差异较大且逐渐增加，同一天内负荷随客流、室外气温有较大波动。结合地铁车站的上述特征，下面从不同时期子机组台数选择、标准站的机房布置、制冷系统整体控制方案、机组冷却循环水水质控制方案、机组效率及能耗分析等角度，分析高静压模块化机组的适用性。

1. 不同时期的子机组台数选择

由于初期、近期客流及发车对数少、车站围护结构蓄热的影响，初期、近期的车站晚高峰负荷一般小于远期晚高峰负荷（设计负荷）的 60%。相比于整体式蒸发冷凝冷水机组，模块机组单位制冷量对应的设备费用基本相同，额定工况下每 1kW 制冷量对应设备费约为 1200 元。因此，当模块机组采取分期实施方案时，按设计负荷的 60% 实施，可降低 40% 的初投资。实际工程中，如果模块机组按远期配置，可通过调整子机组开启台数及时间，降低每台子机组的运行时间，从而延长机组的使用寿命，降低机组的年折旧费用。

2. 标准站的机房布置

对于整体机组，蒸发器一般采用管壳式换热器，检修需要"拔管"空间。对于模块机组，蒸发器一般采用板式换热器，且模块机组自带高静压风机，无须外置排风机的安装空间。以标准站为例（小端设计冷量 400kW，大端设计冷量 800kW），模块机组需求的蒸发冷凝机房面积分别为 57m² （小端）、92m² （大端），总面积为

149m²；整体机组需求的蒸发冷凝机房面积分别为 75m²（小端）、91m²（大端），总面积为 166m²。相比整体机组，采用模块机组可节约 10% 左右的机房面积，可显著降低土建成本。模块机组的机房尺寸及设备布置见图 6.3-4。整体机组的机房尺寸及设备布置见图 6.3-5。

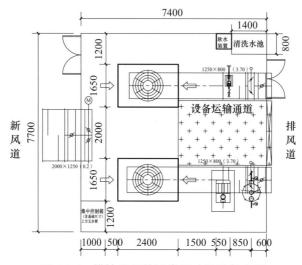

图 6.3-4   模块机组的机房尺寸及设备布置

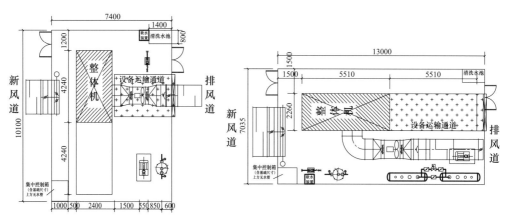

图 6.3-5   整体机组的机房尺寸及设备布置

3. 制冷系统整体控制方案

对于蒸发冷凝式冷水机组，其制冷系统整体控制方案主要由以下部分组成：蒸发冷凝式冷凝器排风机及风量控制、机组加减载控制、冷冻水流量控制、末端水阀开度控制。

（1）蒸发冷凝式冷凝器排风机及风量控制

模块机组自带排风机一般为双速风机，可根据制冷剂冷凝温度，由子机组控制风机转速；整体机组外置排风机（一般为变频），通过制冷剂冷凝温度控制风机转速。从理论分析，两类机组均可以根据冷凝温度合理控制风量，节约风机电耗。实际使用中，由于外置排风机选型不合理，导致整体机组无法根据冷凝温度计算确定合理的风机频率，进而导致风机长时间处于固定频率运行，难以有效节约风机能耗。模块机组自带高静压风机，可由厂家直接设定风机转速切换对应的冷凝温度，在使用过程可有效节约风机能耗。

（2）机组加减载控制

由于地铁车站冷负荷存在近期与远期、高峰与非高峰的差异，冷水机组通过加载或减载等措施，匹配车站实际负荷需求极为重要。整体机组由于每端机房内只设置一台，主要通过冷冻水回水温度控制机组自动加载或减载。

由于模块机组含多个子机组，可以根据车站实际负荷需求（由 BAS 或节能控制系统提供）进行子机组台数控制，并根据子机组台数设定冷冻水泵的运行频率。控制方案及逻辑简单，实施难度远小于整体机组。具体控制流程为：

① 节能控制系统或 BAS 预测下一时段冷量需求；

② 结合子机组制冷量及累计运行时间判断下一时刻子机组（或压缩机）开启台数；

③ 根据子机组（或压缩机）运行台数确定冷冻水泵运行频率；

④ 下一时刻开始时开启对应子机组及电动蝶阀，并调整冷冻水泵运行频率至设定频率。其中，冷冻水泵的运行频率由现场调试确定，并在控制系统（BAS 或节能控制系统）中设定。以两台子机组为例，具体工况详见表 6.3-1。

模块机组控制模式表　　　　　　　　　　　表 6.3-1

工况		模块机组		冷冻水泵	电动蝶阀	
		子机组 1	子机组 2		子机组 1 出水管蝶阀	子机组 2 出水管蝶阀
开启	子机组 1 开启	开启	关闭	运行频率 1	开启	关闭
	子机组 2 开启	关闭	开启	运行频率 2	关闭	开启
	子机组 1、2 全开	开启	开启	运行频率 3	开启	开启
关闭		关闭	关闭	关闭	关闭	关闭

（3）冷冻水流量控制

整体机组一般通过冷冻水回水温度控制冷冻水泵频率，从而控制冷冻水流量（在机组允许的流量范围内），多采用反馈控制。为避免冷冻水在蒸发器内部结冰影响机组安全，整体机组允许的最小冷冻水量一般不低于 50%。因此，整体机组的冷冻水流量控制存在滞后性（反馈控制导致）、冷冻水流量变化范围小这两个问题。

模块机组根据子机组（或压缩机）运行台数设定冷冻水泵运行频率，从而控制冷冻水流量。当子机组数量不少于 4 台时，部分负荷下通过关闭不投入运行子机组的供（回）水水路及水阀，使模块机组的最小冷冻水流量可低于设计工况的 25%，从而有效节约冷冻水泵的能耗。因此，从冷冻水流量控制的实施难度和水流量变化范围这两个方面，模块机组均优于整体机组。

4. 机组效率及能耗分析

整体机组一般采用螺杆压缩机，额定工况下的 COP 可达到 4.8 以上（不含外置排风机）；模块机组采用涡旋压缩机，额定工况下的 COP 约为 4.3（含高静压风机能耗）或 4.7（不含高静压风机能耗）。因此，整体机组的 COP 略高于模块机组。

冷水机组在地铁车站中的实际运行能耗主要由机组 COP、车站负荷率等多方面的因素决定。根据夏热冬冷地区某地铁车站的空调季实测数据，远期冷机负荷率大于 0.6 的时间仅占 35% 左右，负荷率小于 0.4 的时间约占 36%。当冷机负荷率大于 0.6 时，整体机组和模块机组的理论系统能效接近；当冷机负荷率小于 0.6 时，由于螺杆压缩机工作特性、最小冷冻水量和最小冷凝排风量要求，整体机组的系统实测运行能效小于 2.5，模块机组理论系统能效可达 4.0。从机组整个寿命周期分析，模块机组的节能潜力远大于整体机组。

结合以上分析，高静压模块蒸发冷凝冷水机组与整体式蒸发冷凝冷水机组综合对比见表 6.3-2 与表 6.3-3。

模块化机组与整体机组优缺点对比 　　　　表 6.3-2

	模块化蒸发冷凝冷水机组	整体式蒸发冷凝冷水机组
价格	标准站约 150 万元	标准站约 150 万元
尺寸	小，单模块尺寸（2.4m×1.6m）	大，单模块尺寸（不小于 4.2m×2.2m）
质量	单模块质量≤ 2.1t	质量≥ 6.9t
可靠性	高，单模块故障不影响使用	一般
额定效率	约 4.5～4.7	约 4.5～5.1
部分负荷效率	较高，可接近 4.5～4.7（25%～75% 时）	随负荷降低下降较快，低于 50% 负荷时，效率低于 4
水系统	较复杂	较简单
噪声	80dB	85～90dB
运输、安装时间	略少	一般
启动电流	较小	一般
维护运营成本	较少	一般

模块化机组与整体机组综合对比表　　　表 6.3-3

类别	初投资或折旧费用	机房面积	控制难度	COP	节能潜力	运输及检修	施工难度
模块机组	低	小	低	高	较高	方便	较大
整体机组	一般	一般	较高	较高	一般	一般	一般

　　根据上述分析，模块机组在初投资或折旧费用、机房面积、控制难度、节能潜力、运输及检修五个方面均优于整体机组；整体机组的 *COP* 略高于模块机组；由于模块机组的机房管路较多，其管线施工难度大于整体机组。综上分析，高静压模块蒸发冷凝冷水机组在地铁车站中具有较好的应用潜力。

6.4　第四代一体式蒸发冷凝冷水（热泵）能源站技术

6.4.1　设备概述

　　第四代一体式蒸发冷凝冷水（热泵）能源站自带冷却源及空气热源，是集制冷、供暖为一体的高效中央空调主机，可选配水力模块及热回收器，机组集成了蒸发冷凝换热器、冷水机组、热泵、喷淋循环水泵、冷冻水泵、定压补水装置、水处理装置、机房建筑等传统中央空调主机站的所有功能，通过控制器可实现设备的集成控制及高效运行。

　　该机组可直接安装于室外，仅需连接空调水管及电源接线即可高效运行，可广泛应用于地铁、宾馆、学校、商场、医院等冷暖并用兼需生活热水的场所，具有节能高效、一机多用、安装速度快等优点。随着国家节能减排政策的持续推进，一体式蒸发冷凝冷水（热泵）能源站（图 6.4-1）将更受青睐。

图 6.4-1　一体式蒸发冷凝冷水（热泵）能源站

6.4.2　工作原理

　　图 6.4-2 为一体式蒸发冷凝冷水（热泵）能源站的工作原理。夏季该能源站采用蒸发冷凝工况，冷凝器采用蒸发冷凝型，系统能效可达 5.3，高于常规水冷式冷水系统的能效；冬季该能源站采用风冷热泵工况，相当于空气源热泵，系统能效较

高。能源站设置在线吸垢仪、自动排污装置，冷凝器可终身免维护，一定程度上解决了目前蒸发冷凝冷水机组使用过程中的问题。

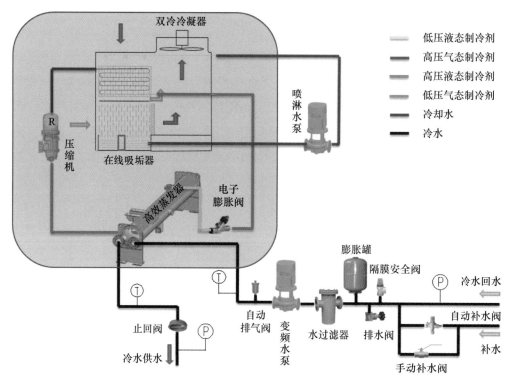

图6.4-2 一体式蒸发冷凝冷水（热泵）能源站工作原理

6.4.3 设备特点

1. 节能低耗

（1）系统能效比高，相比常规水冷冷水机组系统，能耗节约15%～25%。与风冷冷水机组系统相比，能效提高约50%。系统配电容量小，减少配电系统投资费用。

（2）采用蒸发式冷凝系统，换热效率高，喷淋水循环量比常规水冷冷凝系统减少50%～60%，无须另外配置冷却塔和冷却水泵。

（3）机组可以配置变流量控制系统，部分负荷时水泵低频运行，大大降低了系统的输配能耗。

2. 一体化集成

（1）机组集成了传统空调制冷机房所有的设备，实现机房设备的智能化集成控制且有效避免常规水冷系统压缩机卸载停机后冷却水泵、冷却塔、冷冻水泵全负荷运行的弊端，系统运行效率高。机组结构紧凑，占地面积更小。从设计原理上避免了水冷冷凝器的阻力降及冷却水循环的功率需求，喷淋循环水泵的功率仅为冷却水泵的 15%～20%，显著节省了冷却水的输送能耗。

（2）机组具有防日晒、防雨淋和防锈蚀功能，机组可以整天放置于室外。与常规冷水机组系统相比，大大降低了机房的空间要求。

3. 强效制热

常规风冷热泵空气侧换热器通常以制冷为优先，冬季制热效果较差；一体式蒸发冷凝冷水（热泵）能源站强化制热性能，确保供暖品质。每个盘管配置有独立的膨胀阀，杜绝了大型热泵多盘管冷凝分配不均匀的问题；采用冷媒分配器，显著提高盘管各回路冷媒分配的均匀性；按需除霜，避免不必要的热量损失。

4. 静音低噪

（1）压缩机排气侧采用双层壳体，降低了排气的空气动力学噪声，使机组运行更加安静。底座安装减振垫，运行平稳、可靠，噪声低。

（2）采用低噪声高效率水泵和风机系统，有效提高机组的运行效率，降低机组的噪声和振动。冷凝器采用蒸发冷凝换热器专用轴流风机，风阻小、风量大、噪声低、效率高。

5. 方便安装维护

（1）机组生产采用工厂标准化的生产方式进行。与常规机房安装相比，标准化程度高，进度快，质量控制有保证。

（2）机组面板可以很方便地拆卸，确保机组维护、保养方便。

（3）机组安装方便、快捷，用户只需完成机组与室内水系统的管路连接和保温工作，节约工期，降低安装费用。

6. 智能控制

机组通过调节压缩机滑阀移动和压缩机的运行数量，使机组的性能随时与负荷相匹配，提升机组的部分负荷效率。可以根据需求，对机组的冷冻水泵、喷淋水泵、冷凝风机等进行协调控制，以达到机组的自适应调节。

6.4.4　与传统冷热源方案对比

杭州某工程夏季额定制冷量为 5600kW，冬季额定制热量 2700kW。选择以下两种冷热源方案，从初投资和运行费用两方面进行对比。

方案一：冷源选择水冷冷水机组，热源选择锅炉房；

方案二：选择一体式蒸发冷凝冷水（热泵）能源站。方案一、方案二的运行费用对比见表 6.4-3。

1. 初投资

表 6.4-1 和表 6.4-2 分别为方案一及方案二的初投资计算。其中，方案一室外冷却塔占地约 300m^2，方案二室外占地约 500m^2。

方案一初投资 　　　　　　　　　　　　　　　　　　　表 6.4-1

	单台制冷（热）量（kW）	台数	初投资（万元）
制冷系统	5600	4	680
供热系统	1400	2	120
机房面积	250m²，按 8000 元 / m² 考虑		200
合计	制冷量 5600，制热量 2700		1000

方案二初投资 　　　　　　　　　　　　　　　　　　　表 6.4-2

	单台制冷（热）量（kW）	台数	初投资（万元）
热泵型	931（700）	4	837.9
单冷型	1068	2	320.4
合计	制冷量 5800（杭州制冷量有 5% 衰减）制热量 2800		1158.3

由表可知，相比方案一，方案二的能源站设备及土建投资增加约 160 万元。

2. 运行费用

根据上述分析，选择能源站方案运行费用明显低于传统方案（表 6.4-3）；若不考虑运维成本，一年半可回收能源站增加的 160 万元初投资。

方案一与方案二的初投资 　　　　　　　　　　　　　　表 6.4-3

项目	方案一				方案二			
负荷率（%）	100	75	50	25	100	75	50	25
制冷量（kW）	5600	4201	2802	1399	5604	4205	2802	1403
制冷系统总功率（kW）	1313.4	1009.8	709.5	589.05	1081	723	499	315
系统能效比	4.3	4.2	3.9	2.4	5.2	5.8	5.6	4.5
能效权重系数	1.2	32.8	39.7	26.3	1.2	32.8	39.7	26.3
系统综合能效比	3.61				5.37			
年运行时间（h）（每年 5 个月制冷）	44	1197	1449	960	44	1197	1449	960
年总耗电量（kW·h）	2860074				1938886			
年总耗电费（1 元 /kW·h）	2860074				1938886			
耗水量（m³/h）	17				9			
年总水费（4.5 元 /m³）	272646				138364			
年总水电费（万元）	313				208			

第7章　结合地铁风道的蒸发冷凝技术

地铁的通风空调系统目前面临以下四个问题：

（1）能耗巨大，占地铁总能耗的30%~40%；

（2）在车站内部所占土建的面积比例最大；

（3）地铁车站的冷却塔地面占地越发困难，尤其是中心城区的地铁车站；同时，冷却塔的漂水、噪声及卫生等问题经常引起周边居民的投诉，导致车站内部空调系统无法正常使用；

（4）以水为载冷介质，载冷量低，水泵输送能耗高。在北方地区冬季如果泄水不充分，会导致水管的冻裂。针对上述问题，各地地铁车站的通风空调系统进行了多种尝试，如设置集中冷冻站、设置集中冷却站，冷却塔设置在地下或半地下、冷却塔设置于楼宇屋顶、设置整体式蒸发冷凝冷水机组等。但是，上述方案也都存在一些较难克服的问题：集中冷站输送能耗巨大，区间管线布置困难，保温困难；冷却塔置于屋顶，导致冷却水泵的能耗增大、冷却塔检修困难；地下设置整体式蒸发冷凝冷水机组需要设置强排风机，耗能较大，同时其在地下车站占用的土建面积较大等。为解决上述地铁车站通风空调系统存在的相关问题，本书提出一种新型地铁空调制冷系统——结合地铁风道的蒸发冷凝空调制冷系统。

7.1　冷媒直膨式蒸发冷凝技术

7.1.1　系统概述

冷媒直膨式蒸发冷凝系统如图7.1-1所示。该系统结合地铁车站的特点，充分利用地铁进排风道内的自然风资源，采用在车站排风道内设置新型蒸发冷凝型换热器的冷源方案。取消地面的冷却塔、水冷冷水机组、冷冻/冷却水泵及水系统管路。将载冷工质由水改为制冷剂，采用冷媒在空调末端设备内直接蒸发换热的方式，避免了传统水系统在冬季由于泄水不利导致的末端设备和水管冻裂的可能。新型多页对开蒸发冷凝式换热器设置在地铁排风道内，空调季节换热器关闭执行制冷工况；非空调季节换热器停机开启，此时换热器平行于气流，可有效减小排风道内的通风阻力，从而节约能耗。

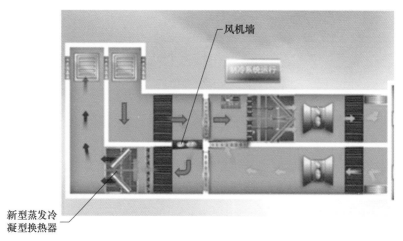

图 7.1-1　冷媒直膨式蒸发冷凝系统工作原理

7.1.2　主要组成

1. 新型多页对开蒸发冷凝式换热器

新型多页对开蒸发冷凝式换热器设置在排风道中，主要由整体式水盘、模块式高强度框架、蒸发冷凝换热器、可开启式过滤器、制冷系统管道、布水装置等主要部件组成。

空调季时，通风空调系统处于最小新风模式运行。新型多页对开蒸发冷凝式换热器的两块换热单元板处于闭合状态，前置可开启式初效过滤器呈闭合过滤状态，轨顶、大系统、小系统排风混合的约 35～40℃排风经过该装置。新型多页对开蒸发冷凝式换热器换热管内的高温气态制冷剂，与管面水膜进行热交换，变成温度较低的液态制冷剂被送入表冷器内。车站回风与室外新风混合后经过表冷器后，经过换热处理到车站所需的送风状态点，然后被送入站内。换热后的制冷剂再经过压缩机回到新型多页对开蒸发冷凝式换热器中，形成一个完整的制冷循环。

非空调季时，通风空调系统处于自然通风运行模式。新型多页对开蒸发冷凝式换热器与表冷器处于平行于风道开启的状态，以此减小送风阻力。进排风道内的进排风阀全开，进排风道间的风阀处于关闭状态，保证自然通风模式的正常运行。

火灾及事故工况时，新型多页对开蒸发冷凝式换热器紧急停机，新型多页对开蒸发冷凝式换热器与表冷器处于平行于风道开启的状态，风机墙上每台风机对应的防火阀关闭，进排风道内的进排风阀全开，进排风道间的风阀处于关闭状态，保证事故及火灾工况下通风与排烟的正常运行。机组内零部件均能承受烟气高温，系统兼顾灾控的功能需求。

新型多页对开蒸发冷凝式换热器结构示意图见图 7.1-2。结构闭合及开启状态示意图见图 7.1-3。制冷工况见图 7.1-4。非制冷工况见图 7.1-5。

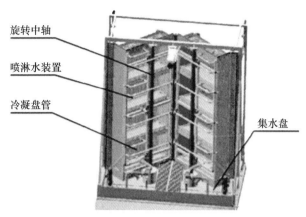

图 7.1-2　新型多页对开蒸发冷凝式换热器结构示意图

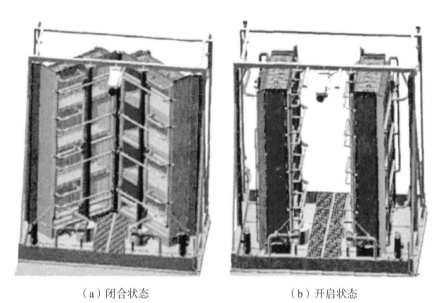

（a）闭合状态　　　　　　　（b）开启状态

图 7.1-3　新型多页对开蒸发冷凝式换热器结构闭合及开启状态示意图

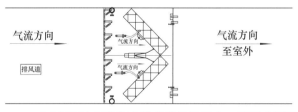

图 7.1-4　制冷工况（蒸发冷凝式换热器闭合，喷淋水喷淋）

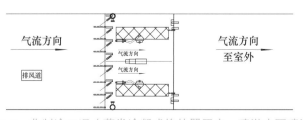

图 7.1-5　非制冷工况（蒸发冷凝式换热器开启，喷淋水不喷淋）

2. 风机墙

风机墙用于从新风道内引入室外空气，送入排风道带走多页对开角度可调换热器的热量。主要由风机、止回阀、防火阀、接线盒等主要零部件组成。采用模块化设计，工程现场仅需拼装及与墙体固定。补风系统设计在新风道、排风道的隔墙上，补风量的大小可通过数量不等的风机阵列排布组合进行调节，在空调运行时对通道式蒸发冷凝换热器进行必要的补风，确保系统的运行更稳定。见图 7.1-6。

图 7.1-6　风机墙示意图

3. 表冷器

承担车站公共区负荷的大型表冷器设置在进风道内，在送风的大型轴流风机前。经过新型多页对开蒸发冷凝式换热器换热后的低温制冷剂，从新型多页对开蒸发冷凝式换热器送到表冷器，为表冷器提供冷量。

7.1.3　与地铁传统水冷式通风空调系统比较

1. 从传热过程上比较

冷媒直膨式蒸发冷凝系统采用制冷剂 R134a 为传热介质，高温气态制冷剂在新型多页对开蒸发冷凝式换热器内与喷淋水滴下的覆盖在换热管上的水膜进行热交换。水吸收制冷剂的冷凝热蒸发变为水蒸气，相当于水与制冷剂进行了潜热交换；并且，从风机墙回新风与站内排风组成的混合风经过蒸发冷凝式换热器，将这部分水蒸气带走，同时与管内制冷剂也会进行一部分显热交换。被冷却的制冷剂被输送到表冷器内，与被送入表冷器的空气进行显热交换，空气被处理到站内送风状态点，最终被送入室内。而制冷剂则经过压缩机回到新型多页对开蒸发冷凝式换热

器内，完成一个完整的制冷循环。在这个制冷循环中有一次显热、潜热交换和一次
显热交换，总共有两次热交换过程。该冷媒直膨式蒸发冷凝系统与传统水冷式系统
相比，减少了两次换热，传热介质由水变为了制冷剂；并且，水的汽化潜热相比与
显热交换要大得多，因此系统的 COP 值从理论上来看比传统水冷式系统显著提高，
而用水量较传统系统显著减少。

2. 从系统结构与设备上比较

传统水冷式系统的系统结构复杂，管路繁多、设备种类繁杂；而新型冷媒
直膨式蒸发冷凝系统结构比较简单，管路相比水冷式系统减少许多，设备种类
较少。虽然初投资可能略高于水冷式系统，但后期运行的成本会远低于水冷式
系统。

3. 从系统占地上比较

传统水冷式系统需要在地面上设置冷却塔，在地下设置冷冻机房，并且受土建
影响较大，极易出现冷却塔的冷却水输送距离较长的情况。并且，冷冻机房一般设
计在车站一端，在向车站另一端输送冷冻水时要跨越车站公共区，即使保温再好，
也会不可避免地有热损失，并且在管路破裂等意外情况发生时维修起来非常不便。
冷媒直膨式蒸发冷凝系统取消了地面冷却塔和地下冷冻机房的设置，直接将新型多
页对开蒸发冷凝式换热器置于地铁排风道内，大大减少了占地面积及冷却塔所带来
的问题。并且，可以在车站左右两端各设置一台新型多页对开蒸发冷凝式换热器。
冷媒输送到表冷器的距离较近且不穿过公共区，节省能耗的同时，解决了区间布线
困难的问题。

7.2　冷水型蒸发冷凝技术

7.2.1　系统概述

该系统可用于新建或改造的地铁车站，特别适用于原为传统制冷系统的改造车
站。为保证排风道内有足量的空气带走蒸发冷凝换热器的散热量，通常需采取以
下两种措施：开启排热风机（针对全封闭站台门系统），或在新风道、排风道的隔
墙上设置风机墙（针对闭式系统）。全封闭站台门系统中，空气的流动路线为：区
间→排热风机→蒸发冷凝换热器→室外；闭式系统中，空气的流动路线为：室外→
新风道→风机墙→排风道→蒸发冷凝换热器→室外。见图 7.2-1。

该系统主要由设置在排风道内的新型多页对开蒸发冷凝式换热器、设置在新风
道内或空调机房内的换热器、设置在风道或空调机房内的压缩机、膨胀阀、水泵、
设置在新风道内的可开启水冷式换热器或设置在空调机房内的可开启水冷式空调机
组、管路等部件组成。见图 7.2-2。

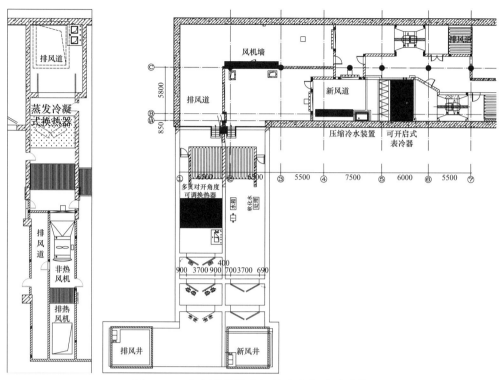

图 7.2-1　冷水型蒸发冷凝技术空气流动路线
（左为全封闭站台门系统，右为闭式系统）

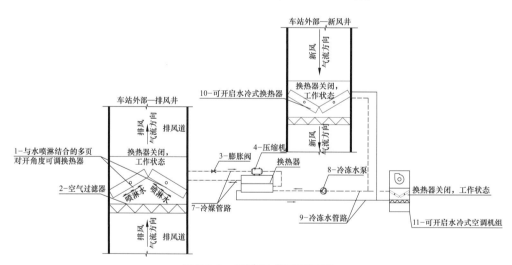

图 7.2-2　系统组成和原理图

　　实际应用中，一般将压缩机、膨胀阀和蒸发器整合在一起，称为压缩冷水装置。压缩冷水装置和新型多页对开蒸发冷凝式换热器通过制冷剂管道连接在一起，组成制冷剂循环系统。制冷剂在压缩冷水装置的蒸发器中吸收热量，制取冷冻水；制冷剂在蒸发冷凝换热器中与喷淋水换热，散出热量。

　　在闭式或集成闭式系统中，需在新风道、排风道间的隔墙上设置风机墙，用于从新风道引入室外空气，送入排风道，带走新型多页对开蒸发冷凝式换热器的热量。为避免新型多页对开蒸发冷凝式换热器结垢，需设置补水和水处理装置（蒸发冷凝水质检测系统），对喷淋水进行软化处理。

1. 空调工况

当夏季空调工况时，系统设置在排风道内的新型多页对开蒸发冷凝式换热器进入空调工况工作，设置在新风道内的可开启水冷式换热器或设置在空调机房内的可开启水冷式空调机组进入空调工况工作。压缩机运行，空调冷冻水通过水泵输送到水冷式换热器或可开启水冷式空调机组。热空气经过关闭工作的可开启水冷式换热器制冷除湿后，送入地铁车站内。车站的空调热量由冷冻水传递给冷媒后，由冷媒携带，通过排风道内的新型多页对开蒸发冷凝式换热器散出，并通过车站排风，经排风道、排风亭排出车站外。见图 7.2-3。

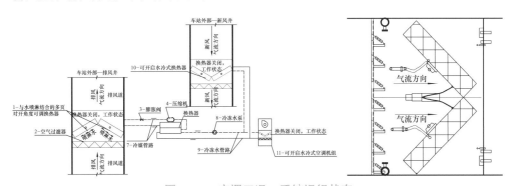

图 7.2-3　空调工况，系统运行状态
（右为新型多页对开蒸发冷凝式换热器状态）

2. 非空调工况

当非空调工况时，系统设置在新风道内的可开启水冷式换热器开启，可开启水冷式换热器停止工作；设置在空调机房内的可开启水冷式空调机组停止工作，室外新风由新风亭、新风道，经过开启的可开启水冷式换热器后，送入地铁车站。开启的可开启水冷式换热器减小新风道的送风阻力，节约能耗；系统设置在排风道内的新型多页对开蒸发冷凝式换热器开启，新型多页对开蒸发冷凝式换热器停止工作。地铁车站排风经过排风道、开启的新型多页对开蒸发冷凝式换热器、排风亭排出室外。开启的新型多页对开蒸发冷凝式换热器减小排风道排风阻力，节约能耗。见图7.2-4。

3. 火灾排烟工况

当发生火灾需要排烟工况时，系统设置在排风道内的与新型多页对开蒸发冷凝式换热器开启，新型多页对开蒸发冷凝式换热器停止工作。地铁车站烟气经过排风道、开启的新型多页对开蒸发冷凝式换热器、排风亭，排出室外。开启的新型多页对开蒸发冷凝式换热器减小排风道排烟阻力，有利于顺利排出火灾烟气，保证人员的疏散安全。见图 7.2-4。

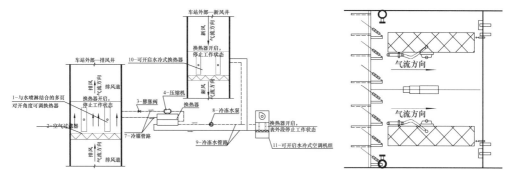

图 7.2-4 非空调工况或火灾工况，系统运行状态
（右为新型多页对开蒸发冷凝式换热器状态）

7.2.2 主要设备

本系统主要设备包括新型多页对开蒸发冷凝式换热器、风机墙、压缩冷水装置、可开启水冷式换热器或空调机组、蒸发冷凝水质检测系统等。

1. 压缩冷水装置

压缩冷水装置，可在风道、空调机房等位置靠墙布置，结构紧凑、占地小。该装置将高能效环保螺杆压缩机、离心式油分离器、储液器、就地控制箱等元器件集成，为空调系统运行提供动力源。制冷剂采用 R134a 环保制冷剂。见图 7.2-5。

图 7.2-5 压缩冷水装置设备示意图

2. 可开启水冷式换热器或空调机组

地铁内部发热量大，在非空调季节需要进行大风量通风，排除余热。传统系统需要利用组合式空调机组送风。其内部的表冷器空气侧阻力为 150～200Pa，占风系统总阻力的 20%～30% 左右。在空调季节表冷器对空气进行降温除湿处理，是必需的设备；而在非空调季节，表冷器横置在风道内，变成了多余的设备，只能增加能耗。如果此时将表冷器开启，则可较大幅度地节省通风空调系统能耗。

（1）空调季节运行过程时，空调机组的特有 V 形可开启式表冷器处于关闭状态，经表冷器后的空气流经风机的距离更为平均，表冷器的迎面风速均匀度更高，整机的换热性能最佳。

（2）通风季节运行过程时，空调机组的特有 V 形可开启式表冷器旋转开启至与气流方向平行，空气经初效、中效过滤器净化处理后畅通无阻地经过换热器。气流经机组后，阻降值远远小于传统空气处理机组换热器的阻降值。在机组运行风量与机外静压不变的前提下，机组内部阻力大幅降低，风机全压减小，故而风机电机输入功率降低，从而实现节能运行。

除开启式表冷器开启后阻降小外，挡水板等阻降较大零部件亦随换热器一起旋转开启，与气流方向呈平行方向，更综合地将整机内部阻力实实在在地降低。见图 7.2-6。

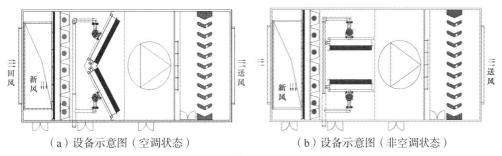

（a）设备示意图（空调状态）　　　　　（b）设备示意图（非空调状态）

图 7.2-6　可开启水冷式空调机组设备示意图

3. 新型多页对开蒸发冷凝式换热器

参见 7.1.2 节。

4. 风机墙

参见 7.1.2 节。

5. 软化水装置

参见图 6.1-4。

7.2.3　系统特点

（1）该系统设备布置灵活，不需要在新风道、排风道间设置蒸发冷凝机房。

（2）该系统需占用一定排风道长度，要求排风道消声器和人防门之间有 7m 以上的长度。

（3）蒸发冷凝换热设备也可以结合排风竖井垂直安装。

由于设备灵活，相比于传统蒸发冷凝冷水系统，该系统对土建影响小，适用于新建或改造车站，尤其适用于原设置常规制冷系统（水冷冷水机组＋冷却塔）的车站进行取消冷却塔改造。

第 **4** 篇

蒸发冷凝新技术的应用

第8章 蒸发冷凝空调新技术在城市轨道交通领域的应用

8.1 城市轨道交通通风空调系统概述 —————————

8.1.1 城市轨道交通通风空调系统

城市轨道交通是大容量、快速城市交通系统，以地铁、轻轨交通为典型的代表，是解决城市交通问题的最佳途径。

为保证城市轨道交通的正常运行，并确保运行的安全性和可靠性，需要配套设置相应的多个专业系统，共同有机配合、协调运转。通风空调系统就是其中不可或缺的重要组成部分。

城市轨道交通通风空调系统是城市轨道交通的第一生命安全保障线。它肩负着为乘客和工作人员创造一个生理及心理上都安全、适宜的内部空气环境重任，并承担着为城市轨道交通各个设备系统正常运转提供合理、有效的温度、湿度及洁净度等条件的重要职责。

而且，城市轨道交通在运营期间，还不能从根本上杜绝出现非正常运行的列车阻塞事故、火灾等灾害工况。一旦这些工况得以发生，必须采取安全、有效的措施加以应对，以确保人员的生命安全。城市轨道交通通风空调系统担负着排除火灾烟气、保证人员安全疏散环境，为消防救援创造相应的安全条件的关键职能，因此近年来，城市轨道交通通风空调系统得到越来越多的关注。

8.1.2 城市轨道交通通风空调技术现状

城市轨道交通通风空调技术的发展和应用，是随着建设和运营的历程不断加以深入与丰富的。经历了最初的只是直接对地面开设简单的通风口换气，到采用有限的通风机换气的起步阶段，再进展到理解了内部空气环境对人员的重要意义并设置大量的通风机对车站和隧道进行通风的漫长过程。最终，随着空调制冷技术的进步与发展，到设置通风空调系统以及事故通风和排烟系统。可以说，遵循了这样一条技术发展路径，即从简陋的自然通风和初级设备到复杂的通风空调设施，从零散、堆砌的技术手段到综合整体实施措施，从简单、粗放的技术方式到细化、完善的系统解决方案。目前，随着科技的发展，城市轨道交通通风空调也不断出现技术上的创新和突破。尤其是中国的城市轨道交通通风空调技术，在近些年已经超越了成熟、可靠的技术阶段，开始以创新的思维探索节能减排、低碳环保及环境景观保护的新型发展之路，并出现和实践了多项创新技术及产品。

总结城市轨道交通通风空调技术现状，可以归纳为两种基本类型、三种制式的技术特征，即通风系统和通风空调系统两种基本类型；通风系统、站台设置非封闭站台门通风空调系统、站台设置全封闭站台门通风空调系统三种技术制式。

1. 通风系统

城市轨道交通的通风包含自然通风、活塞通风和机械通风，适用于当地夏季气温不高，可以利用外界气温低的自然条件排除地铁内部余热、余湿。在北方严寒地区的城市应用较多，技术上因地制宜，具有很好的适应性和经济性，如图8.1-1所示。

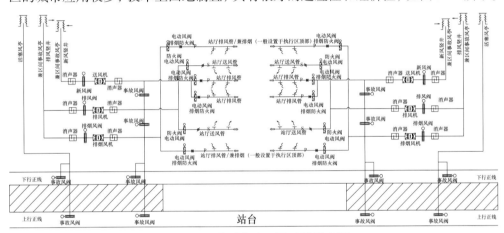

图 8.1-1　典型车站通风系统原理图

2. 通风空调系统

城市轨道交通通风空调系统由区间隧道通风排烟系统、车站公共区通风空调排烟系统、车站设备管理用房区通风空调排烟系统和车站空调冷源系统组成。

车站公共区通风空调排烟系统、车站设备管理用房区通风空调排烟系统由风机、空调机组或空调末端设备以及相应的风道、风阀和消声设备等设备构成。

冷源系统一般由冷水机组、地面冷却塔、冷冻水泵、冷却水泵及相应的阀门、管道等构成，如图8.1-2所示。

3. 站台设置非封闭站台门通风空调系统

车站设置通风空调系统，在站台边缘设置非封闭站台门，车站与区间隧道通过非封闭站台门顶部相连通，如图8.1-3所示。

4. 站台设置全封闭站台门通风空调系统

车站设置通风空调系统，在站台边缘设置全封闭站台门，车站与区间隧道成为完全隔开的两个空间，如图8.1-4所示。

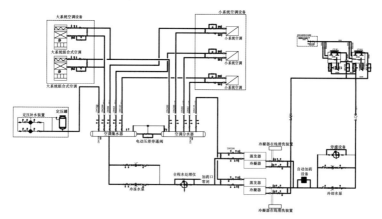

图 8.1-2 车站冷源系统原理图

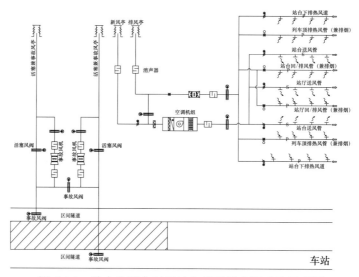

图 8.1-3 站台设置非封闭站台门通风空调系统原理图

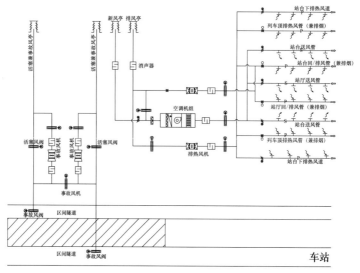

图 8.1-4 全封闭站台门通风空调系统原理图

8.2　蒸发冷凝新技术在北京市西单地铁站应用实例

8.2.1　项目概况

北京地铁复八线始建于 1990 年，于 1999 年通车试运行。全线共设车站 11 座。地铁西单站位于复八线最西端，车站形式为地下双层岛式车站，车站站台宽 16m。车站分为东端与西端。公共区原采用全空气空调系统，车站送排风机与隧道风机合用。每端风道里有两个表冷器，安装在送风道、排风道内。东端的冷冻机房里有两台冷水机组，提供整个车站公共区的所需冷量。实际运行时，空调季节本站公共区温度偏高。经过调研测试分析发现，空调系统的换热效率较低，而且冷水机组的装机容量偏小，不能增设冷却塔，需要对其进行改造。改造前，东端冷水机组需负担所有冷量，但实际提供冷量不足，机组性能降低，见图 8.2-1。故选择东端更换两台冷水机组且只负担车站一侧的冷量，另在西端增加两台蒸发冷凝冷水机组。

图 8.2-1　西单图书大厦楼顶（已不能增设冷却塔）

2012 年，对该地铁车站进行改造，改造后以车站中心线分东、西两端冷源分别设置。东端冷源放置在冷冻机房内，冷冻机房原有的冷源及其管线全部拆除，更新为两台制冷能力与原冷水机组相同的水冷螺杆式冷水机组。西端冷源为新增，选用两台制冷能力与东端相同的蒸发冷凝螺杆冷水机组，冷冻水泵与冷水机组一一对应，放置在西端的下层风道内。车站公共区仍采用全空气系统，将两端风道内原有的 4 个表冷器（每端 2 个）拆除，车站两端的送风道内设置可自动开启式表冷器各 1 台，并利用车站送排风道及其内部的送排风机、自动开启式空气过滤器、消声器、组合风阀等组成空气处理系统，通过风阀的转换满足空调季节闭式运行、过渡季节通风运行。东端表冷器的冷凝水排放至下层风道原有的排水沟内，西端表冷器的冷凝水接至下层风道新增的蒸发式冷凝螺杆冷水机组的冷凝水回收接口。西端下层的另一个风道内，原有的一台大风机拆除，更新为一台排热风机，为新增的蒸发式冷凝螺杆冷水机组及原有的风冷机组排热。原有风冷机组的排热风机、风管及风井下方的挡板均拆除，见图 8.2-2。

图 8.2-2　改造后的蒸发冷凝机组照片

8.2.2　应用效果测试

1. 测试内容与结果

北京地铁 1 号线西单站由 4 台冷水机组提供冷量，包括东端两台某品牌二级能效的水冷式冷水机组（名义 $COP = 4.86$），单台名义制冷量为 335kW；以及西端两台蒸发冷凝式冷水机组，单台名义制冷量 357kW。

2013 年，对该站的实际运行空调制冷工况进行了第三方测试。通过对蒸发冷凝冷水机组的各点温度的监测，可以看出，机组在下午 3：00～晚上 10：00 之间运行状态比较稳定，如图 8.2-3 和图 8.2-4 所示。一直处于满负荷运行，表明在此时间段建筑负荷较高且比较稳定。

选取参数比较稳定的下午 3：00 的监测值和记录数据分析蒸发冷凝冷水机组和水冷冷水机组的运行效果，如表 8.2-1 和表 8.2-2 所示。

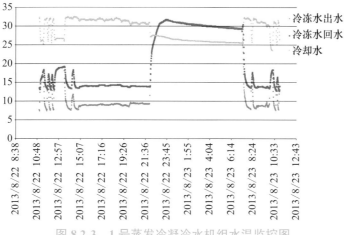

图 8.2-3　1 号蒸发冷凝冷水机组水温监控图

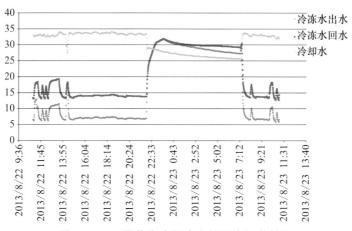

图 8.2-4　2 号蒸发冷凝冷水机组水温监控图

蒸发冷凝冷水机组的测试数据　　　　　　　　　　表 8.2-1

	物理量	符号	单位	蒸发冷凝机组名义值	1 号蒸发冷凝机组测试值	2 号蒸发冷凝机组测试值
温度湿度	冷冻水进口水温	t_{in}	℃	12	15.9	15.1
	冷冻水出口水温	t_{out}	℃	7	7.4	6.4
	冷凝器水盘温度	t_w	℃	—	33.1	33.7
	冷凝器进风干球温度	$t_{c,in}$	℃	35	29.6	29.6
	冷凝器进风湿球温度	$t_{s,in}$	℃	26	25	25
	冷凝器出风温度	$t_{c,out}$	℃	—	31.7	31.7
	冷凝器进风湿度	$\varphi_{c,in}$	%	50	68.6	68.6
	冷凝器出风湿度	$\varphi_{c,out}$	%	—	94.8	94.8
	冷凝温度	t_c	℃	38	36.4	36.1
	蒸发温度	t_e	℃	3.5	4.3	3.7

续表

物理量		符号	单位	蒸发冷凝机组名义值	1号蒸发冷凝机组测试值	2号蒸发冷凝机组测试值
流量	冷冻水流量	G	m³/h	—	39.5	39.5
	冷凝器风量	G_c	m³/h	—	45034	45034
功率	冷冻水泵功率	$P_{e,p}$	kW	7.5	5.4	5.2
	压缩机功率	P_c	kW	68.2	71.7	74.8
	冷凝器水泵功率	$P_{c,p}$	kW	2.2	7.5	8.0
	冷凝器风机功率	$P_{c,f}$	kW	5.25		

水冷式冷水机组的测试数据 表 8.2-2

物理量		符号	单位	水冷式机组名义值	1号水冷式机组测试值	2号水冷式机组测试值
温度、湿度	冷冻水进口水温	t'_{in}	℃	12	10.9	10.9
	冷冻水出口水温	t'_{out}	℃	7	6.1	7.5
	冷却水进口水温	$t'_{c,in}$	℃	30	28.5	28.3
	冷却水出口水温	$t'_{c,out}$	℃	—	31.6	31.6
流量	冷冻水流量	G'	m³/h	—	32.3	32.3
	冷却水流量	G'	m³/h	—	62.4	52.2
功率	冷机功率	P'_c	kW	69	41.9	45.3
	冷冻水泵功率	$P'_{e,p}$	kW	7.5	5.4	5.3
	冷却水泵功率	$P'_{c,p}$	kW	7.5	6.7	6.2
	冷却塔风机功率	$P'_{c,f}$	kW	3.7	0.7	0.6

2. 性能分析

经计算，两台蒸发冷凝冷水机组的 COP 分别为 4.93 和 4.83，符合《蒸气压缩循环冷水（热泵）机组　第 1 部分：工业或商业用及类似用途的冷水（热泵）机组》GB/T 18430.1 的能效要求。表 8.2-3 是《冷水机组能效限定值及能效等级》GB 19577 规定的冷水机组能效水平等级。由此可知，在测试工况下，蒸发冷凝冷水机组的能效比超过了标准规定的 1 级能效的名义值（$COP = 3.4$）。

冷水机组能效等级指标 表 8.2-3

类型	额定制冷量（CC）/ kW	能效等级 EER/（W/W）				
		1	2	3	4	5
风冷式或蒸发冷却式	$CC \leqslant 50$	3.2	3.0	2.8	2.6	2.4
	$CC > 50$	3.4	3.2	3.0	2.8	2.6

续表

类型	额定制冷量（CC）/ kW	能效等级 EER/（W/W）				
		1	2	3	4	5
水冷式	CC ≤ 528	5.0	4.7	4.4	4.1	3.8
	528 < CC ≤ 1163	5.5	5.1	4.7	4.3	4.0
	CC > 1163	6.1	5.6	5.1	4.6	4.2

测试结果表明，两台水冷式冷水机组的 COP 分别为 4.30 和 2.81。由于机组运行于部分负荷工况及测试工况条件与名义工况不同，实测 COP 低于名义 COP 值 4.86。

总结测试结果，北京地铁 1 号线西单站中的蒸发冷凝冷水机组和水冷式冷水机组的运行性能如表 8.2-4 所示。

两类冷水机组及其整个制冷系统的运行性能　　表 8.2-4

机组类型	指标类型	制冷量 / kW	能效比 /（W/W）		
			机组	机组＋冷凝侧	制冷系统
蒸发冷凝冷水机组	名义值	357	4.72	4.72	4.30
	1 号机实测值	390.5	**4.93**	4.93	**4.62**
	2 号机实测值	399.7	**4.83**	4.83	**4.54**
水冷式冷水机组	名义值	335	4.86	4.18	3.82
	1 号机实测值（部分负荷工况）	180.0	**4.30**	3.65	**3.29**
	2 号机实测值（部分负荷工况）	127.5	**2.81**	2.45	**2.22**
	1 级能效机组（名义值）	335	**5.0**	4.28	**3.91**

3. 结论

（1）测试期间，北京地铁 1 号线西单站中的蒸发冷凝冷水机组运行状态良好，冷冻水出水温度、制冷量和能效比均达到并超过了名义值，且实测能效比超过了 1 级能效的名义值；

（2）北京地铁 1 号线西单站中的蒸发冷凝冷水机组的实测能效比优于同站中的水冷式冷水机组，且节省了冷却水管和冷却塔的安装空间；

（3）考虑水冷冷水机组的冷却泵和冷却塔的能耗，被测试的蒸发冷凝冷水机组的节能效果优于能效比为 1 级能效标准的水冷式冷水机组，并比 1 级能效的水冷式冷水机组节能 12.8%～15.2%。

8.2.3　存在问题

（1）冷源系统改造投入后，发现蒸发冷凝冷水机组设备顶部的排风与机组侧面的进风短路，热量排不出去；于是，对设备系统进一步改造，将蒸发冷凝机组顶部的排风面与侧面进风面进行物理分隔。

（2）喷淋循环水处理设备配置较低，未设置加药装置、自动排污系统等，运行多年后系统能效比初期运行时有所降低。

8.3　蒸发冷凝新技术在杭州地铁 1 号线三期工程应用实例 ——

8.3.1　项目概况

杭州地铁 1 号线三期工程为杭州地铁 1 号线工程的延伸段，起点为下沙江滨站，终点为萧山国际机场站，线路长 11.2km，设车站 5 座。由于杭州市为旅游城市，对城市景观要求很高；且该地铁线路经过主城区，经过业主及上级主管部门反复斟酌，决定本工程 5 座车站均采用在地下车站内设置涡旋式压缩机模块化蒸发冷凝冷水机组技术，取消地面冷却塔。5 座车站需求制冷量及模块化蒸发冷凝冷水机组设置情况如表 8.3-1 所示。以下主要以本线向阳路站为例进行介绍。

车站冷源情况一览表　　　　　　　　　　　　　　　　表 8.3-1

序号	站名	位置	需求制冷量 /kW	136kW 模块	176kW 模块	200kW 模块
1	杭州大会展中心站	A 端	324	/	2	1
		B 端	618	/	/	3
2	港城大道站	A 端	336	/	2	/
		B 端	770	/	4	/
3	南阳站	A 端	527	1	/	1
		B 端	572	/	/	4
4	向阳路站	A 端	320	1	/	1
		B 端	665	2	2	/
5	萧山国际机场站	A 端	976	/	/	5
		B 端	1045	2	/	4

向阳路站为地下二层岛式车站，车站站台有效长度为 120m，站台宽 12.6m。车站设置 2 组风亭。1 号风亭位于车站主体西北角，风亭形式为低风亭，位于绿化带内。2 号风亭位于车站主体东南角，风亭形式为低风亭，位于绿化带内；2 号风亭组由两座活塞／事故风亭、一座新风亭、一座排风亭组成。车站冷源采用模块化

蒸发冷凝冷水机组，设置在 A、B 两端的蒸发冷凝机房内，地面没有冷却塔。

　　向阳路站共设置 6 台模块化蒸发冷凝冷水机组，其中 A 端两台、B 端四台，分别设于两端的蒸发冷凝机房中。蒸发冷凝机房设置在两端的新排风井之间。两端机房中，每两台模块化蒸发冷凝冷水机组共用一台强排风机，A 端设置一台、B 端设置两台强排风机。两端水系统平面图及蒸发冷凝机房风系统平面图如图 8.3-1～图 8.3-4 所示。

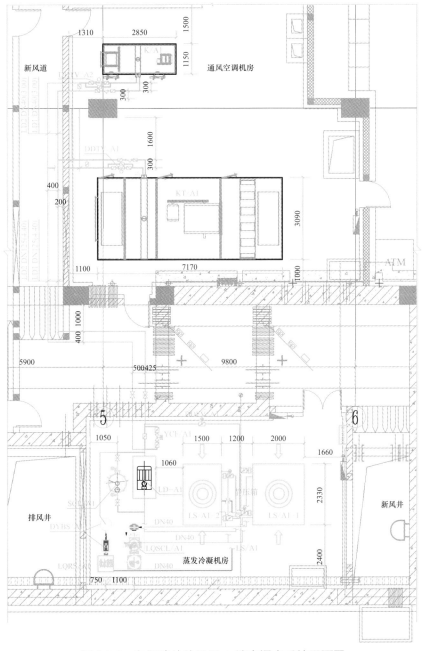

图 8.3-1　向阳路站站厅层 A 端空调水系统平面图

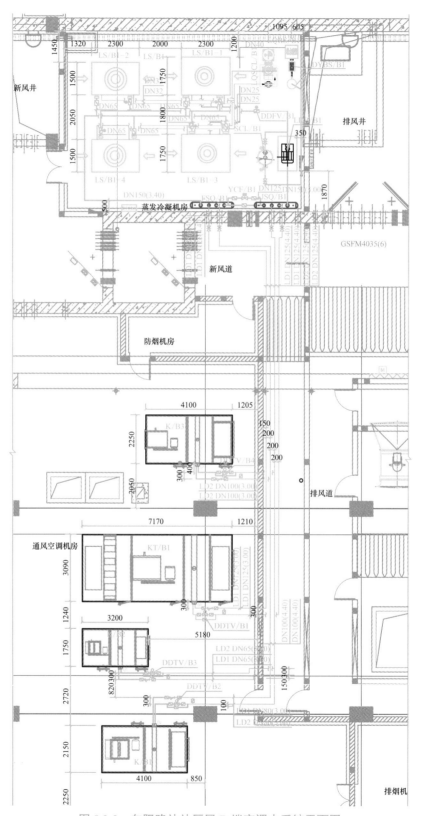

图 8.3-2   向阳路站站厅层 B 端空调水系统平面图

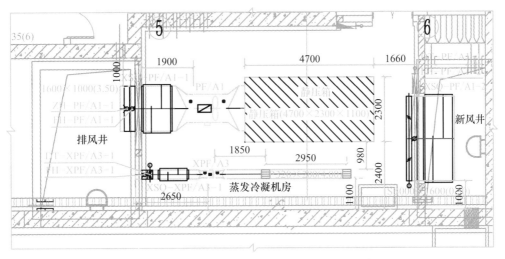

图 8.3-3　向阳路站站厅层 A 端蒸发冷凝机房风系统平面图

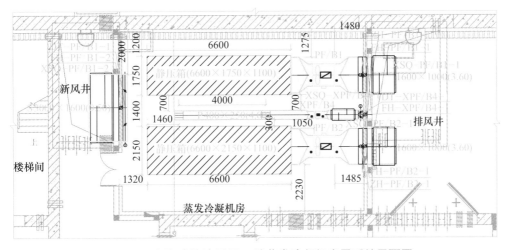

图 8.3-4　向阳路站站厅层 B 端蒸发冷凝机房风系统平面图

8.3.2　应用效果测试

2021 年，对向阳路站进行了的实际应用效果测试。测试期间，对冷源系统及空调系统的运行参数进行测试，得到该站冷源及系统效率变化曲线，如图 8.3-5 所示。

通过分析图 8.3-5 中 COP 变化曲线，可见 A 端的冷源 COP 在 5.7 上下微小波动，系统 COP 在 4.7 左右；B 端冷源 COP 在 3.8 左右，系统 COP 稳定在 3.1。这种差别主要是由于两端的蒸发冷机组开启台数不同，制冷量也相应不同，运行状态不同，导致机组的运行效果存在较大差异；分析车站两端的总能效比，可以看到该站空调冷源的能效比（COP）在 4.7 左右，系统总 COP 在 3.9 左右。通过测试数据得到，该车站的空调系统综合能效比均高于 3.0。

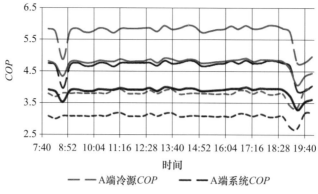

图 8.3-5   测试期间冷源及系统 *COP* 变化曲线

8.3.3   存在问题

（1）由于模块机组并联设置，开启台数对系统阻力影响较小；考虑水泵的性能曲线，系统阻力变化较小时，水泵实际运行频率无法实现与机组台数的等比例调节。因此，建议水泵与模块机组一对一设置。

（2）该系统水系统较复杂，机组模块间管线多（平衡管、补水管、冷却侧水处理进出水管等），水系统相对复杂。应通过 BIM 建模进行管线综合排布，保证设备检修及运输空间。

8.3.4   高静压模块化蒸发冷凝冷水机组实际测试

对高静压模块化蒸发冷凝冷水机组样机进行实际测试。测试项目包括制冷量、制冷消耗总电功率、制冷性能系数 *COP*、水侧压力损失非标准部分负荷性能系数（*NPLV*）、外观、运转、绝缘电阻、耐电压、接地电阻。测试结果均符合技术要求。机组外观见图 8.3-6。机组铭牌见图 8.3-7。实测结果见表 8.3-2。

图 8.3-6   机组外观   图 8.3-7   机组铭牌

实测结果　　　　　　　　　　　　　　　　表 8.3-2

序号	测试项目	技术要求	测试数据	评价
1	制冷量	制冷量应不小于机组规定值的 95%；≥ 247.000kW；额定值：260.000kW	260.004kW	合格
2	制冷消耗总电功率	机组消耗总电功率不应大于机组名义消耗功率的 110%；≥ 62.370kW；额定值：56.700kW	55.144kW	合格
3	制冷性能系数（COP）	机组制冷性能系数 COP 应不低于机组明示值的 92%；≥ 4.22kW/kW；额定值：4.59kW/kW	4.72kW/kW	合格
4	非标准部分负荷性能系数（NPLV）	综合部分负荷性能系数 IPLV 应不低于明示值的 92%；≥ 4.64kW/kW；额定值：5.04kW/kW	4.80kW/kW	合格

8.4　蒸发冷凝新技术在杭州地铁 4 号线一期工程应用实例 —

8.4.1　项目概况

杭州地铁 4 号线首通段于 2015 年开通试运营。在首通段中，市民中心站、景芳站、新塘站和新风站四座车站采用整体式蒸发冷凝冷水机组制冷系统。

8.4.2　应用效果测试

1. 2016 年测试

杭州地铁 4 号线景芳路站由两套整体式蒸发冷凝冷水机组制冷系统组成。2016 年，对该站的实际应用效果进行了检测。主要对主要设备管理用房区一端进行测试。该端包括整体式蒸发冷凝冷水机组一台，名义制冷量为 767.2kW，COP 为 4.83。一台机组中含两台压缩机，系统还包含一台冷冻水泵、一台排热风机、水处理设备等。

为了说明问题，本次测试还对景芳路站的临近车站江锦路站进行了对比测试。江锦路站由两台传统的水冷式冷水机组组成。测试时，机组一台运行、一台关闭，系统有冷冻水泵、冷却水泵和冷却塔各两台。

表 8.4-1 和表 8.4-2 为蒸发冷凝冷水机组与传统水冷式冷水机组测试数据。

蒸发冷凝冷水机组的测试数据　　　　　　　　表 8.4-1

物理量		测量数值
温度、湿度	蒸发进水温度	14.8℃（机组表盘记录）
	蒸发出水温度	11.2℃（机组表盘记录）
	1 号压缩机蒸发温度	8.1℃（机组表盘记录）
	1 号压缩机冷凝温度	44.9℃（机组表盘记录）
	1 号压缩机吸气温度	12.9℃（机组表盘记录）
	1 号压缩机排气温度	10.5℃（机组表盘记录）

续表

物理量		测量数值
温度、湿度	1号压缩机吸气过热度	5.1℃（机组表盘记录）
	1号压缩机排气过热度	18.5℃（机组表盘记录）
	1号压缩机吸气压力	2.9bar（机组表盘记录）
	1号压缩机排气压力	10.5bar（机组表盘记录）
	2号压缩机蒸发温度	7.4℃（机组表盘记录）
	2号压缩机冷凝温度	45.0℃（机组表盘记录）
	2号压缩机吸气温度	13.7℃（机组表盘记录）
	2号压缩机排气温度	10.6℃（机组表盘记录）
	2号压缩机吸气过热度	6.4℃（机组表盘记录）
	2号压缩机排气过热度	19.7℃（机组表盘记录）
	2号压缩机吸气压力	2.8bar（机组表盘记录）
	2号压缩机排气压力	10.6bar（机组表盘记录）
	新风温度	32.1℃
	新风湿度	69.2%
	蒸发冷却机组排风温度	36.1℃
	蒸发冷却机组排风湿度	96.6%
	喷淋水温度	37.3℃
	集水盘温度	39.2℃
	人员设备房温湿度	24.8℃/61.5%
	站厅平均温湿度	24.4℃/71.5%
流量	冷冻水流量	无法测试／额定工况 142.3m³/h
	蒸发冷却机组排风风量	12m³/s
功率	冷冻水泵功率	额定工况 15kW
	1号压缩机功率	52.94kW
	2号压缩机功率	53.176kW
	排热机功率	10.37kW
	冷却水泵功率	额定工况 7.4kW

经计算，机组的排风热量为675.36kW，压缩机总功耗106.2kW，制冷量569.244kW，用额定冷冻水流量计算得制冷量为595.66kW 误差为4.6%，系统总功耗138.9kW，蒸发冷凝冷水机组 COP 为5.36，系统 COP 为4.09。

传统水冷式冷水机组的测试数据   表 8.4-2

物理量		测量数值
温度、湿度	蒸发器进水温度	17.7℃（机组表盘记录）
	蒸发器出水温度	14.5℃（机组表盘记录）

续表

物理量		测量数值
温度、湿度	冷凝器进水温度	37.9℃（机组表盘记录）
	冷凝器出水温度	41.2℃（机组表盘记录）
	站台平均温湿度	23.5℃/79.0%
	站厅平均温湿度	23.0℃/79.2%
流量	冷冻水流量	133.5m³/h
功率	冷冻水泵功率	33.6kW
	冷却水泵功率	39.0kW
	压缩机功率	102.6kW
	冷却塔风机功率	6.5kW

经计算制冷剂总冷量为 496.7kW，压缩机功耗为 102.6kW，整体系统功耗为 181.7kW。故制冷机 COP 为 4.84，整体系统 COP 为 2.73。

经对比，蒸发冷凝冷水机组制冷系统 COP 高于传统水冷式冷水机组制冷系统，节能效果明显。

2. 2018 年测试

本次测试选取新塘站进行蒸发冷凝冷水机组测试，并选取采用常规水冷制冷系统的城星路站作为对比测试站。新塘站两端分设蒸发冷凝机房，A、B 两端各设置一台整体式蒸发冷凝冷水机组；城星路站冷冻机房设置在 B 端，设置两台水冷式冷水机组。对各站冷水机组的典型工况的测试结果如下，以下测试数据为机组在各个工况下运行参数的平均值。新塘站 A 端蒸发冷凝冷水机组制冷系统测试数据见表 8.4-3。7 月 19 日 A 端冷水机组逐时 COP 见图 8.4-1，7 月 21 日下午 B 端逐时 COP 见图 8.4-2。

新塘站 A 端蒸发冷凝冷水机组制冷系统测试数据　表 8.4-3

新塘站 A 端				
物理量		符号	单位	测试数值
制冷量	25% 负载	Q	kW	206.2
	100% 负载	Q	kW	354.0
功率（25% 负载）	冷冻水泵功率	$P_{e,p}$	kW	14.7
	压缩机功率	P_c	kW	69.1
	冷凝器水泵功率	$P_{c,p}$	kW	7.1
	冷凝器风机功率	$P_{c,f}$	kW	
功率（100% 负载）	冷冻水泵功率	$P_{e,p}$	kW	14.7
	压缩机功率	P_c	kW	123.4
	冷凝器水泵功率	$P_{c,p}$	kW	7.1
	冷凝器风机功率	$P_{e,f}$	kW	

续表

新塘站 A 端				
物理量		符号	单位	测试数值
COP（25% 负载）	冷水机组	—	—	2.98
	制冷系统	—	—	2.27
COP（100% 负载）	冷水机组	—	—	2.87
	制冷系统	—	—	2.44

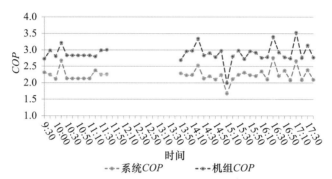

图 8.4-1　7 月 19 日 A 端冷水机组逐时 COP

新塘站 B 端蒸发冷凝冷水机组制冷系统测试数据见表 8.4-4。

新塘站 B 端蒸发冷凝冷水机组制冷系统测试数据　　　表 8.4-4

新塘站 B 端				
物理量		符号	单位	测试数值
制冷量	—	Q	kW	404.25
功率	冷冻水泵功率	$P_{e,p}$	kW	15.7
	压缩机功率	P_c	kW	108.2
	冷凝器水泵功率	$P_{c,p}$	kW	12.1
	冷凝器风机功率	$P_{c,f}$	kW	
COP	冷水机组	—	—	3.71
	制冷系统	—	—	2.94

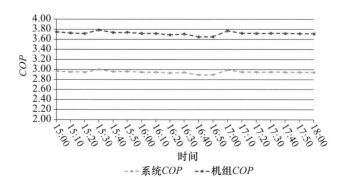

图 8.4-2　7 月 21 日下午 B 端逐时 COP

城星路站水冷冷水机组制冷系统测试数据见表 8.4-5。

城星路站水冷冷水机组制冷系统测试数据　　　　表 8.4-5

物理量		符号	单位	测试数值
制冷量	—	Q	kW	335
功率	冷机功率	P'_c	kW	115.3
	冷冻水泵功率	$P'_{e,p}$	kW	15.8
	冷却水泵功率	$P'_{c,p}$	kW	20
	冷却塔风机功率	$P'_{c,f}$	kW	2.9
COP	冷水机组	—	—	2.91
	制冷系统	—	—	2.22

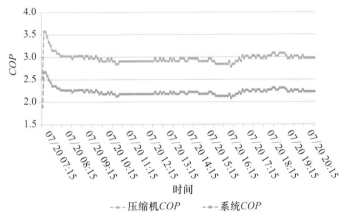

图 8.4-3　7 月 20 日城星路站冷水机组逐时 COP

测试结果表明，新塘站 A 端蒸发冷凝式冷水机组在 25% 和 100% 工况下的 COP 分别为 2.98 和 2.87，新塘站 B 端蒸发冷凝式冷水机组在 100% 工况下的 COP 为 3.71，城星路站常规冷水机组的 COP 为 2.91；新塘站 A 端蒸发冷凝式冷水系统在 25% 和 100% 工况下的系统 COP，分别为 2.27 和 2.44；新塘站 B 端蒸发冷凝式冷水系统在 100% 工况下的系统 COP 为 2.94，城星路站水冷式冷水系统的 COP 为 2.22。运行水耗对比数据见表 8.4-6。7 月 20 日城星路站冷水机组逐时 COP 见图 8.4-3。

运行水耗对比数据　　　　表 8.4-6

名称	运行工况		补水量（m³/h）	单位冷量补水量［m³/(kW·h)］
城星路站	100% 负载		0.34	0.001
新塘站	A 端	25% 负载	0.32	0.0013
		100% 负载	0.43	0.0014
	B 端	100% 负载	0.31	0.0008

通过对杭州新塘站整体式蒸发冷凝冷水机组制冷系统以及城星路站常规冷水系统制冷系统的对比测试发现，蒸发冷凝冷水机组的制冷系统能效比高于常规冷水机组制冷系统。

8.4.3　存在问题

（1）整体式蒸发冷凝冷水机组未实现负载率在 25%～100% 之间的无级调节，而是在 25% 与 100% 两档之间切换运行，导致冷冻水供回水温度波动较大。

（2）整体式蒸发冷凝冷水机组强排风机未实现随机组负载率变频运行，在实际运行中存在风量不足、满负载情况下冷凝温度高的问题。

（3）新塘站 A 端冷冻水侧管路阻力较大、B 端冷冻水泵效率偏低，需进行进一步的排查。

（4）城星路站水冷冷水机组冷冻水温过高，导致机组持续满载运行。

8.5　蒸发冷凝新技术在北京市阜通地铁站应用实例

8.5.1　工程概况

北京地铁 14 号线阜通站位于东北四环外望京地区，是地铁 14 号线东段的一座车站，位于北京市朝阳区阜通西大街与广顺南大街交汇处。车站为地下 2 层岛式车站，地下 1 层为站厅层，地下 2 层为站台层。车站总长度为 313m，标准段宽度为 19.7m，站台有效长度为 140m，站台宽度为 12m。通风空调系统制式为集成闭式系统。车站分为左右两端。在车站两端的排风道内布置冷媒直膨式蒸发冷凝空调系统，排风道内设置新型蒸发冷凝式换热器。在车站进风道和排风道隔墙上设置风机墙，从新风亭为新型蒸发冷凝式换热器提供足够的冷凝风量。新型蒸发冷凝型换热器布置于排风道内消声器的外侧，位于消声器与排风井之间，避免系统的热湿空气降低消声器的使用效果，减少其寿命。设备的噪声不会对风井周边的敏感点造成影响。蒸发冷凝式换热器与冷媒直膨式换热器均为门式可开启式，其尺寸及开启角度根据不同的制冷量需求合理布置。在进风道内设置大型冷媒直膨式表冷器。风道两端的压缩机靠近大型表冷器设置。阜通站设备平面布置图见图 8.5-1。

设备规格如下：车站右端蒸发式换热器尺寸（$W \times L \times H$）为 300mm×2700mm×4000mm，共设置两个，落地安装。风机墙的尺寸为 8m²。车站左端蒸发式换热器尺寸（$W \times L \times H$）为 400mm×4600mm×2200mm，风机墙的尺寸为 10m²。车站取消了车站内部约 200m² 的冷冻机房，充分利用了车站排风道的宽度及长度设置通风空调系统。对于大、小系统的不同冷量需求，制冷压缩机分别选择了螺杆式和涡旋式两种。

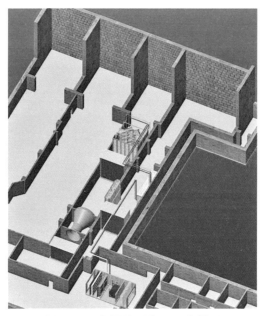

图 8.5-1　阜通站设备平面布置图

8.5.2　应用效果测试

　　检测机构对阜通站的实际运行空调制冷工况进行了第三方检测。为了对比新系统与传统系统的运行效率，同时还对采用传统系统（螺杆式冷水机组＋冷却塔）的本线相邻地铁车站东湖渠站进行了对比测试。这两个车站为同一线路同期开通的车站。测试的内容包含新型蒸发冷凝式换热器的进/出风风速、温度、含湿量；直接蒸发式大型表冷器进/出风风速、温度、含湿量；直接蒸发式空调箱进/出风风速、温度、含湿量；风机墙风量等。测试的新型蒸发冷凝式换热器如图 8.5-2 所示，图中的换热器处于制冷工况。

（a）关闭状态

（b）开启状态

图 8.5-2　新型蒸发冷凝式换热器实物图

测试时，为提高测试的准确度，如回风截面风速测试，共均匀布置 15 个测点数，测试新排风道间各点风速，求其平均值，进而算得回风量（表冷器进风量）。

1. 东湖渠站传统系统测试工况

大型表冷器 1 进风干球温度为 29.6℃，相对湿度为 45.2%，出风干球温度为 14.8℃；大型表冷器 2 进风干球温度为 27.6℃，相对湿度为 51.3%，出风干球温度为 14.1℃。

测试数据整理如表 8.5 所示。

实测数据　　　　　　　表 8.5

$Q_大$	$Q_小$	$P_输入$	$P_压缩机$
661.638kW	328.084kW	260.120kW	123.168kW

换热量 $Q_c = Q_大 + Q_小 = 989.722$kW

制冷量 $Q = Q_c - P_压缩机 = 866.554$kW

$SCOP = Q/P_输入 = 3.33$

其中：$Q_大$ 为大系统冷水机组的换热量；$Q_小$ 为小系统冷水机组的换热量；$P_输入$ 为冷源系统各设备的总输入功率，$P_压缩机$ 为压缩机输入功率、冷冻水泵输入功率、冷却水泵输入功率及冷却塔风机输入功率之和；Q_c 为大小系统总换热量；Q 为总制冷量；$SCOP$ 为电冷源综合制冷性能系数。

2. 阜通站冷媒直膨式蒸发冷凝空调制冷系统测试工况

蒸发器进风干球温度为 23.9℃，相对湿度为 61.3%；冷凝器进风干球温度为 27.9℃，相对湿度为 61.3%；集水盘冷却水温度为 30.3℃。

测试数据整理如下：

$Q = 586.098$kW

$P_输入 = 106.45$kW

$SCOP = Q/P_输入 = 5.51$

喷淋循环水流量为 50.652m³/h，补水量为 2.013m³/h。其中：$P_输入$ 为冷源系统各设备的总输入功率，该系统输入功率为压缩机输入功率、循环水泵输入功率及风机墙输入功率之和；Q 为总制冷量；$SCOP$ 为电冷源综合制冷性能系数。这两个车站处于运营初期，由测试的数据可以看出，系统都处于部分负荷运行状态。阜通站的总冷负荷接近设计负荷的 50%，东湖渠站的总冷负荷为设计负荷的 27%。对于部分负荷运行的工况，新系统的电冷源综合制冷性能系数 $SCOP$ 能达到 5.51，传统系统的 $SCOP$ 值为 3.33。新系统比传统系统节能高达 40%。由此可见，采用制冷剂在蒸发器内直接蒸发的换热方式和蒸发冷凝的换热方式，提高了蒸发温度，降低了冷凝温度，大大提高了制冷系统的制冷效率，节电效果非常显著。新系统的耗水量为 2.013m³/h，与传统的冷却塔系统（耗水量 5m³/h）相比，水量能够节约 50% 以上。对于集成闭式系统的车站，需要在新排风道间设置风机墙，将室外新风引入用于新型蒸发冷凝式换热器的冷却降温，同时冷凝器置于排风道内，增加了系统阻力。这两个点的存在增加了系统能耗，但其测试的综合能耗仍低于传统系统，可见其节能优势非常明显。若对于全封闭站台门系统，风机墙无须设置，其系统能耗将更低。

3. 总结

通过实际的对比测试显示，新系统的电冷源综合制冷性能系数 $SCOP$ 高达 5.51；对于年耗电费用，新系统相比传统系统节省 35.6%；对于年耗水费用，新系统相比传统系统节省 58.8%。因此，新系统在未来地铁的实际应用中具有广阔的应用前景。

8.5.3　存在问题

（1）新系统冷媒管线现场安装及冷媒充注的工艺质量需要关注；

（2）部分负荷情况下，风量与冷量的匹配、系统的节能控制，需要进行深入的精细化研究。

8.6　蒸发冷凝新技术在地铁车站环控系统改造领域的应用 —

8.6.1　北京地铁 10 号线宋家庄站改造方案

1. 问题及现状

北京地铁 10 号线宋家庄站位于北京市丰台区石榴庄路与宋庄路的交汇路口，是地铁 5 号线、10 号线和亦庄线的三线换乘车站。由于其是三线换乘车站，平时客流量大，故在北京地铁系统中的作用极为重要。

地铁 10 号线宋家庄站为双层岛式明挖车站，东西向布置，地下一层为站厅层，地下二层为站台层。与已通车运营的 5 号线平行换乘，两线的通风空调系统分开独立设置。地铁 10 号线宋家庄站的通风空调系统中，车站公共区采用全空气空调系统，空调计算冷负荷为 1963kW，由位于站台层冷冻站的两台水冷螺杆式冷水机组供应低温冷冻水。车站设备及管理用房的空调系统分为全空气系统、多联分体空调＋新风系统两种，空调计算冷负荷为 268kW。其中，全空气系统以及多联分体空调＋新风系统中的新风系统由位于站台层冷冻站的一台水冷螺杆式冷水机组供冷。上述三台冷水机组配套设置的冷却水系统的冷却塔设置于车站地面万科商业楼顶。由于运营管理问题，与万科商业楼未达成一致意见，导致冷却塔无法使用、冷冻站内的三台水冷螺杆式冷水机组无法运行，难以为空调系统提供冷冻水。

2. 制冷系统改造方案

（1）原有制冷系统

车站原有水系统由冷水机组、冷冻水泵、冷却水泵、冷却塔和管道等设备组成。冷水机组、冷冻水泵和冷却水泵置于冷冻站中，冷却塔置于车站地面万科商业楼顶。水系统的原理图如图 8.6-1 所示。

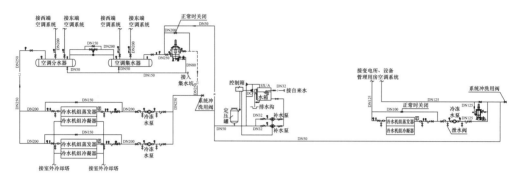

图 8.6-1　原有制冷系统原理图

（2）制冷系统改造方案

制冷系统改造方案中，核心技术为利用排风道设置蒸发冷凝式换热器替代原冷却塔，更有效地带走系统冷凝侧的热量。与冷却塔散热系统相比，蒸发式冷凝换热器具有更高的换热效率，并能大幅节约冷却水用量。为了减少空间占用，蒸发式冷凝换热器设置于排风道中，利用风机墙从新风道中取风，满足设备的散热要求。系统原理如图 8.6-2 所示。

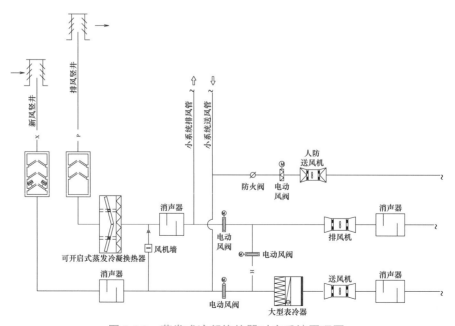

图 8.6-2　蒸发式冷凝换热器对应系统原理图

　　由于车站空调冷负荷较大，导致蒸发冷凝式换热器的换热面积很大，无法安装在单一排风道中。为了降低排风道中蒸发冷凝式换热器的面积，本方案将原制冷系统改造为两个制冷系统，分别位于车站东、西两端，对应的蒸发冷凝式换热器分别位于东、西两个排风道中。其中，西端制冷系统包括蒸发冷凝式换热器、压缩机、管壳式换热器、冷冻水泵、冷媒管路和冷冻水管路，为西端的车站公共区空调系统提供 7℃的冷冻水；基于利用现有冷水机组和管道的原则，东端制冷系统通过蒸发冷凝式换热器为车站东端公共区空调系统、所有设备管理用房空调系统提供 7℃的冷冻水。东、西两端的制冷系统原理如图 8.6-3～图 8.6-5 所示。

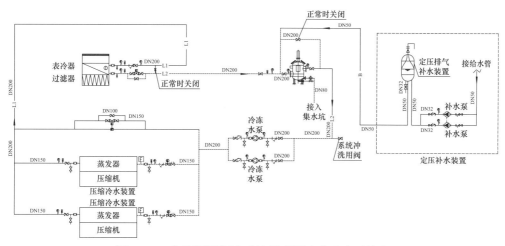

图 8.6-3　车站西端制冷系统原理图（冷冻水系统）

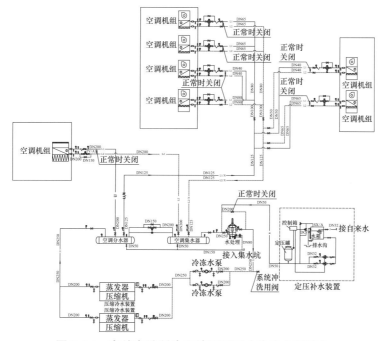

图 8.6-4　车站东端制冷系统原理图（冷冻水系统）

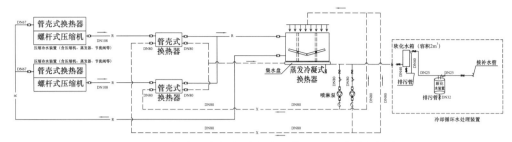

图 8.6-5   车站西（东）端制冷系统原理图（冷凝侧）

（3）新增主要设备与布置

西端制冷系统新增设备包括：1 台蒸发冷凝式换热器（配套喷淋水泵与水处理设备）、2 台风机墙、2 台螺杆式压缩机（含蒸发器和控制器等）、2 台管壳式换热器、2 台冷冻水泵、冷媒管路、冷冻水管路、1 套冷冻水补水泵与水处理装置。其中，蒸发冷凝式换热器（配套喷淋水泵与水处理设备）、风机墙、2 台管壳式换热器布置在与首开福茂合建的新风道、排风道中，如图 8.6-6 所示；螺杆式压缩机、管壳式换热器、冷冻水泵、补水泵与水处理装置布置在车站站厅层的西端排风道中，如图 8.6-7 所示。

东端制冷系统新增设备包括：1 台蒸发冷凝式换热器（配套喷淋水泵与水处理设备）、2 台风机墙、2 台螺杆式压缩机（含蒸发器和控制器等）、2 台管壳式换热器和冷媒管路。其中，蒸发冷凝式换热器（配套喷淋水泵与水处理设备）、风机墙、2 台管壳式换热器布置在与万科商业地产合建的新风竖井、排风竖井中，如图 8.6-8 所示；螺杆式压缩机、管壳式换热器布置在车站站厅层的东端新风道中，如图 8.6-9 所示。

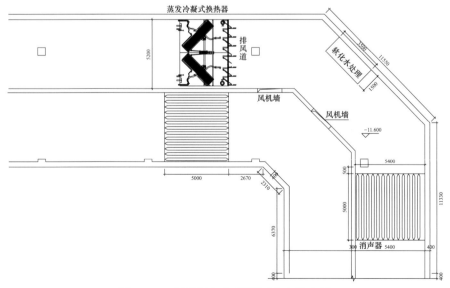

图 8.6-6   新增设备在西端风道中的布置

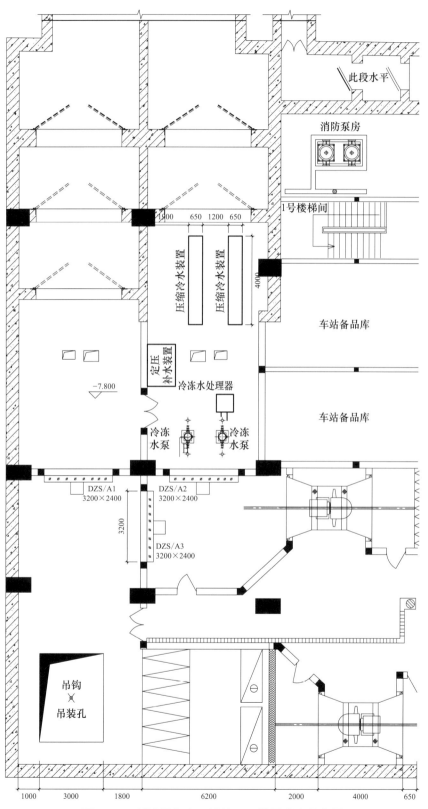

图 8.6-7　新增设备在西端站厅层排风道中的布置

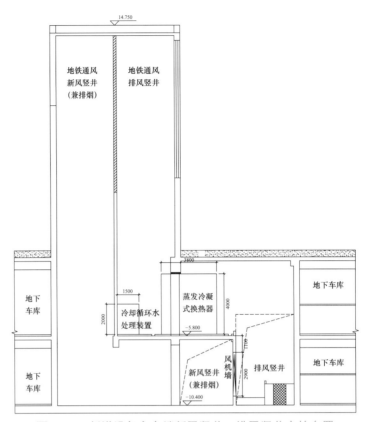

图 8.6-8 新增设备在东端新风竖井、排风竖井中的布置

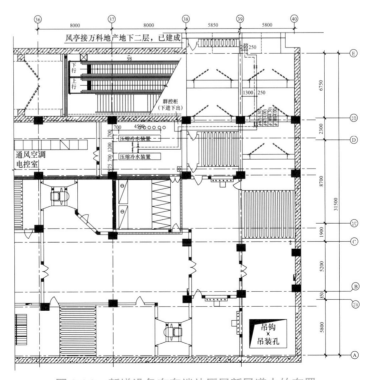

图 8.6-9 新增设备在东端站厅层新风道中的布置

3. 改造对周围环境的影响

（1）西端风亭对周围环境的影响

噪声控制：将高噪声设备（螺杆式压缩机、冷冻水泵）置于排风道消声器前方，利用该消声器减小风亭出口位置的噪声强度。对于安装在排风道消声器后的设备（风机墙、喷淋水循环泵等），选择低噪声设备；如仍无法满足要求，在风道中适当增加消声设备和消声手段。

风亭出风对周围区域的影响：西端风亭位于建筑侧面，毗邻该建筑的冷却塔。在空调季，改造后制冷系统运行时，排风井的排风量为 174000m³/h，排风参数为：干球温度 $t_g = 32.1℃$，相对湿度 $\varphi = 90\%$。其中，新风参数取夏季空调室外计算参数：干球温度 $t_g = 33.6℃$，湿球温度 $t_s = 26.3℃$。由于排风温度较低且距离人行区域较远，因此对周围环境的影响很小。西端风亭位置见图 8.6-10。

图 8.6-10　西端风亭位置

（2）东端风亭对周围环境的影响

噪声控制：将高噪声设备（螺杆式压缩机）置于排风道消声器前，利用该消声器减小风亭出口位置的噪声强度。对于安装在排风道消声器后的设备（风机墙、喷淋水循环泵等），选择低噪声设备；如仍无法满足要求，在风道中适当增加消声器。

风亭出风对周围区域的影响：东端风亭位于四栋建筑之间，排风口设于风井东面，与东端建筑间的距离为 15.2m。在空调季，改造后制冷系统运行时，排风井的排风量为 208800m³/h，排风参数为：干球温度 $t_g = 32.3℃$，相对湿度 $\varphi = 90\%$。其中，新风参数取夏季空调室外计算参数：干球温度 $t_g = 33.6℃$，湿球温度 $t_s = 26.3℃$。由于排风口位于建筑中间且和建筑的距离较小，因此需要通过数值方法确定排风对周围环境的影响。

利用数值模拟软件 Airpak 对风亭周围区域进行建模，分析无风条件下排风对周围环境和建筑的影响。其中，距地 1.2m 气流速度、方向、温度、湿度如图 8.6-11～

图 8.6-13 所示。

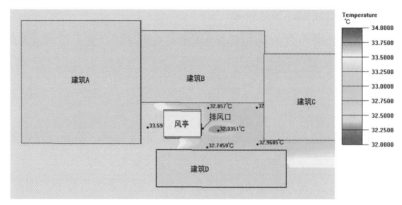

图 8.6-11　东端风亭周围温度分布

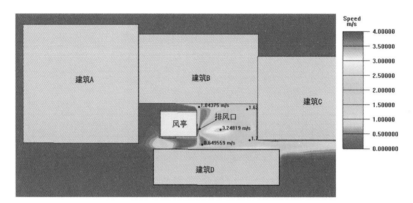

图 8.6-12　东端风亭周围气流速度分布

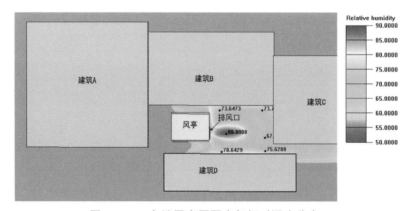

图 8.6-13　东端风亭周围空气相对湿度分布

　　通过模拟结果可以发现，排风井出风对周围建筑 A、B、C、D 影响均很小，建筑周围的风速不超过 2m/s，相对湿度不超过 80%，不会对建筑围护结构及建筑内的人员造成显著影响。

　　通过东、西两端风亭对周围环境的分析可以得到，本改造方案的影响范围较小，而且不会对周围环境造成显著影响，满足环境保证的相关要求。

4. 制冷系统能效分析（表 8.6）

制冷系统能效分析　　　　　　　　表 8.6

西端制冷系统				东端制冷系统			
	额定功率（kW）	额定制冷量（kW）	制冷系统COP		额定功率（kW）	额定制冷量（kW）	制冷系统COP
多叶对开蒸冷换热器（含风冷）	15			多叶对开蒸冷换热器（含风冷）	15		
压缩机	210			压缩机	230		
风机墙	24	1050	3.96	风机墙	36	1150	3.87
喷淋水处理	1			喷淋水处理	1		
冷冻泵	15			冷冻泵	15		
合计	265			合计	297		

8.6.2　北京地铁 1 号线区间降温改造方案

1. 问题产生原因

2000 年以后，北京地铁建设快速发展，客流量持续增长。北京地铁 1 号线作为贯穿北京城区东西向的、最早投运的骨干线路运行，客流一直排在北京地铁线网前列。北京地铁运营有限责任公司所运营的 15 条线路的日客运量在 1000 万人次左右。1 号线所承运的人次长期位居前列。

北京地铁 1 号线通风空调系统采用非封闭站台门的通风系统形式，2008 年北京奥运会前期实施了车站加装空调系统的改造工程。北京地铁 1 号线开通于 1969 年，几十年来列车运行的各类发热等导致区间隧道土壤蓄热能力基本饱和。近些年，区间温度有持续升高的趋势，并且有加剧的倾向。区间温度升高导致相邻车站夏季的温度环境变差，给列车空调的运行带来不利影响。因此，解决区间温度上升问题，不仅可以提高运营服务水平，也对车站公共区舒适度的提升具有重要意义。

北京地铁 1 号线建设至今，随着各行业技术的发展，新增设备也随之增多，导致当初设计的配电冗余负荷用尽，无法新增空调设备，变电所增容也困难重重。在此情况下，蓄冷设备对解决区间温度上升问题优势明显。蓄冷供冷设备的发展和应用已有近 20 年时间，技术和设备也相对成熟，但该技术未在轨道交通地铁车站项目上进行过相关应用，并且市场上以风冷和水冷两类双工况主机为主。水蓄冷技术存在占地面积大的问题，风蓄冷技术能效水平又较低。在用电负荷被限制的情况下，蒸发冷凝双工况机组对解决区间温度上升较为适宜。结合北京地铁 1 号线车站通风系统现状、区间隧道温度实际情况、变电所能力实际情况及运营实际需求，针对北京地铁1号线玉泉路站——八宝山站区间进行区间隧道降温工程的应用研究，通过采用可夜间蓄冷设备、不增加配电容量的前提下增加制冷量，为区间供冷。在区间侧壁限界范围外安装无动力空调末端，通过列车运行活塞风实现换热降温。随着系统运行时间的增加，逐步实现区间隧道降温，最终使区间隧道的温度稳定在合理范围内，并实现提高运营服务水平和乘客舒适度的目标。

根据实测数据，区间隧道温度持续升高的区间隧道集中在北京地铁1号线西段。故对北京地铁1号线西段的八宝山站、古城站进行了现场踏勘，古城站冷源设置在复兴路路旁，此处空间较八宝山车站的用地紧张且施工阶段对周围影响也较大。因此，选择八宝山站为示范工程的冷源设置车站。

2. 方案概述

本工程设置两台蒸发冷凝型双工况主机，其中一台制冷量为155kW的主机LJ/1，替代原系统停运的主机；另一台制冷量为255kW的主机LJ/2，为区间降温提供冷源。两台主机共用一个蓄冰罐XB/1，蓄冰能力为600RTh，蓄冰罐融冰制冷也为区间降温提供冷源。融冰供冷系统设置冷水增压泵；LJ/1利用原系统的冷冻水循环泵（经校核满足系统使用要求）；LJ/2主机配套设置一台循环水泵LD/2；针对区间供冷的水系统，独立设置一套软化水装置、一台旁流过滤设备、一套水系统定压补水设备。

3. 系统调节与控制

（1）对于LJ/1蒸发冷凝蓄冰双工况机组

当车站末端负荷较小，仅通过车站原风冷冷源机组能满足车站制冷要求时，LJ/1转入蓄冰工况；当车站原风冷机组不能满足车站制冷需求时，LJ/1先脱离蓄冰工况转换为制冷工况；非运营时间，LJ/1执行蓄冰工况。

（2）对于LJ/2蒸发冷凝蓄冰双工况机组

运行时，根据区间环境工况参数作为控制点，当区间环境工况参数不满足设定要求时，LJ/2运行正常制冷模式；当区间环境工况参数满足设定要求时，LJ/2运行蓄冰模式；非运营时间，LJ/2执行蓄冰工况。

（3）对于XB/1蓄冰槽

当LJ/2机组不能满足制冷要求时，开启XB/1冷冻水泵；蓄冰槽根据系统控制（冷冻水泵变频调节水流量、供回水混合调节控制等），运行融冰模式；当LJ/1或LJ/2进入蓄冰模式时，蓄冰槽启动自动蓄冰功能。

4. 实际测试

（1）地面设备的测试

通过对位于地铁八宝山站的蒸发冷凝蓄冰系统运行情况测试，验证该系统以下能力：验证新型隧道降温空调系统地面两台冷源可以满足设计制冷能力，可以满足蓄冰槽蓄冷需求；验证蓄冰设备蓄冰能力满足设计要求，融冰释冷能力满足设计要求；验证整个冷源系统可以满足隧道降温要求。

制冷工况：测试车站空调系统供水总管温度、回水总管温度、供水总管流量，验证制冷系统冷源两台冷源设备可以满足设计制冷能力。见图 8.6-14。

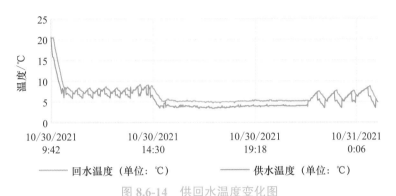

图 8.6-14 供回水温度变化图

根据实际供回水管处参数进行计算，本制冷机组最大实际输出制冷量为 329.29kW。考虑到测量时实际冷负荷与设计冷负荷存在较大差距，本系统的两台蒸发冷凝双工况机组基本满足设计要求，运行效果良好。

融冰工况：测试冰蓄冷系统蓄冰槽回水温度和出水温度，验证制冷系统蓄冰槽可以满足设计释冷能力。见图 8.6-15。

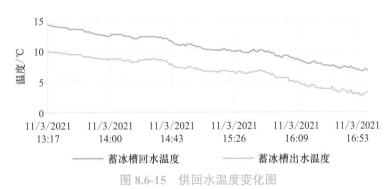

图 8.6-15 供回水温度变化图

根据计算，本蓄冰槽融冰工况下最大实际输出制冷量为 231.20kW，平均融冰释放冷量为 198.03kW；而蓄冷槽设计融冰释冷量为 67kW，实际平均融冰释放冷量是设计融冰释冷量的 2.96 倍。

综合来说，本系统蓄冰槽融冰能力满足设计要求，运行效果良好。

（2）区间设备的测试

通过测试地铁八宝山站—玉泉路站地下区间温湿度数据，验证隧道降温空调系统制冷末端可以满足设计制冷能力，验证隧道降温系统对地铁隧道区间的实际降温效果。

从图 8.6-16 可以看出，在启用隧道降温系统前，每日隧道温度变化较小，且没有明显趋势。经过 Pearson 相关性分析，在显著性水平为 0.02 时，室外最低温度和隧道最低温度的 Pearson 相关系数为 0.346，为中度较弱相关。而室外最高温度和隧道最高温度的显著性水平为 0.111，Pearson 相关系数为 0.182，不存在相关关系。可以说，隧道温度随室外温度变化较小。在没有开启隧道降温系统前，温度变化不大，没有显著的变化趋势。

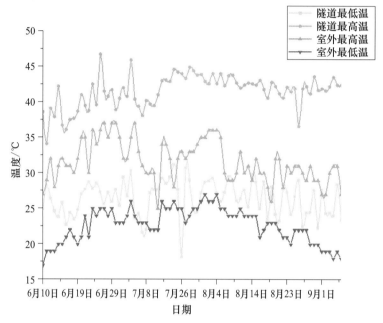

图 8.6-16   2018 年隧道及室外每日最高温度及最低温度变化图

由图 8.6-17 可以看出，在隧道降温空调系统运行的一段的时间内，隧道温度存在明显的下降趋势。6 个测点的日平均温度从 10 月 15 日的 26.75℃下降到 10 月 31 日的 23.30℃，降低 3.45℃，降温效果良好。

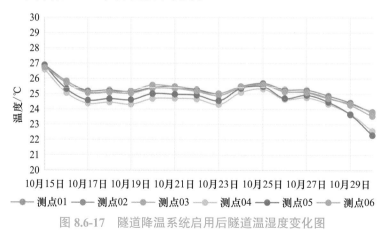

图 8.6-17   隧道降温系统启用后隧道温湿度变化图

5. 结论

（1）经过一段时间的实际运行，各制冷设备运行情况良好。根据实际参数进行计算，该蒸发冷凝式双工况冷源系统满足设计要求，运行效果良好。蓄冰槽融冰能力满足设计要求，运行效果良好。

（2）根据实际供回水管处参数进行计算，本制冷机组最大实际输出制冷量为329.29kW，测量时环境工况未达到最大冷负荷；并且，在供回水管处测量计算的制冷量比制冷机组实际输出制冷量略小，所以本系统的两台蒸发冷凝机组基本满足设计要求。

（3）蓄冷槽在融冰工况下最大实际输出制冷量为231.20kW，平均融冰释放冷量为198.03kW，可以满足设计释冷需求。

（4）经过一个多月的实际运行，各制冷设备运行情况良好，地上冷源部分供冷正常，地下区间内末端释冷正常。

（5）在隧道降温空调系统运行的一个月的时间内，区间隧道内日平均温度从10月15日的26.75℃下降到10月31日的23.30℃，降低3.45℃，降温效果良好。基本满足设计要求，运行效果良好。

8.7 蒸发冷凝空调技术在全国城市轨道交通工程应用统计

通过对以上工程案例分析可以看出，将蒸发冷凝新技术运用于城市轨道交通地铁车站工程，可以有效节约机房面积，解决了地面设置冷却塔的工程实际困难，节约了地面设置冷却塔的占地面积，改善了冷却塔运行对地面周边环境的影响。蒸发冷凝式空调制冷系统还可以实现对末端设备就近供冷，节约能耗。蒸发冷凝式冷媒直接膨胀空调制冷系统，采用制冷剂在蒸发器内直接蒸发的换热方式，提高了蒸发温度，从而提高了制冷压缩机的效率，达到了节能效果；同时，避免了传统系统在冬季由于泄水不利导致的末端设备和水管被冻裂的可能。

鉴于蒸发冷凝新技术在城市轨道交通领域应用的良好效果，蒸发冷凝技术在其他行业也得到了较广泛应用。截至2023年初，国内城市轨道交通领域蒸发冷凝技术应用统计如表8.7所示。

国内城市轨道交通领域蒸发冷凝技术应用统计　　　　　　　　表8.7

城市	线路名称	车站数	应用站点数	应用站点所占比例	系统或机组形式	开通时间	备注
北京	复八线	10	2	20%	整体式蒸发冷凝冷水机组	1999年9月	西单、建国门冷源改造于2012年投入使用
	八通线	15	1	7%	模块式蒸发冷凝冷水机组	2019年12月	

续表

城市	线路名称	车站数	应用站点数	应用站点所占比例	系统或机组形式	开通时间	备注
北京	3 号线一期	14	4	29%	冷媒直膨式蒸发冷凝系统	建设中	
	14 号线	35	1	3%	冷媒直膨式蒸发冷凝系统	2013 年 5 月	
	8 号线三期	14	3	21%	整体式蒸发冷凝冷水机组	2021 年 12 月	
	11 号线	4	2	50%	整体式蒸发冷凝冷水机组	2021 年 12 月	
	12 号线	20	2	10%	整体式蒸发冷凝冷水机组	建设中	
	昌平线南延线	8	3	38%	整体式蒸发冷凝冷水机组	2023 年 2 月	
	首都机场线西延线	1	1	100%	整体式蒸发冷凝冷水机组	2021 年 12 月	
石家庄	1 号线一期	20	4	20%	整体式蒸发冷凝冷水机组	2017 年 6 月	
	2 号线一期	15	15	100%	整体式蒸发冷凝冷水机组	2020 年 8 月	
	3 号线	22	1	4%	整体式蒸发冷凝冷水机组	2017 年 6 月	
济南	1 号线	11	3	27%	整体式蒸发冷凝冷水机组	2019 年 1 月	
青岛	1 号线	41	13	32%	整体式蒸发冷凝冷水机组	2021 年 12 月	
	2 号线一期	25	15	60%	12 座车站应用整体式蒸发冷凝冷水机组，3 座车站应用冷媒直膨式蒸发冷凝系统	2019 年 12 月	
	8 号线北段	17	1	6%	整体式蒸发冷凝冷水机组	2020 年 12 月	
	13 号线一期	21	7	33%	6 座车站应用整体式蒸发冷凝冷水机组，1 座车站应用冷媒直膨式蒸发冷凝系统	2018 年 12 月	
	13 号线二期南段	2	2	100%	整体式蒸发冷凝冷水机组	建设中	
	4 号线	25	20	80%	整体式蒸发冷凝冷水机组	2022 年 12 月	
	6 号线一期	21	21	100%	20 座车站应用冷媒直膨式蒸发冷凝系统，1 座车站应用整体式蒸发冷凝冷水机组	建设中	
太原	2 号线	23	21	91%	冷媒直膨式蒸发冷凝系统（大系统）；整体式蒸发冷凝冷水机组（小系统）	2020 年 12 月	
	1 号线	24	5	21%	整体式蒸发冷凝冷水机组	建设中	
武汉	6 号线	27	4	15%	模块式蒸发冷凝冷水机组	2016 年 2 月	
徐州	2 号线	20	1	5%	整体式蒸发冷凝冷水机组	2020 年 11 月	
杭州	1 号线	33	5	15%	模块式蒸发冷凝冷水机组	2020 年 12 月	
	2 号线	13	3	23%	整体式蒸发冷凝冷水机组	2017 年 12 月	
	3 号线	35	35	100%	模块式蒸发冷凝冷水机组	2022 年 2 月	

续表

城市	线路名称	车站数	应用站点数	应用站点所占比例	系统或机组形式	开通时间	备注
杭州	4 号线一期	15	7	47%	整体式蒸发冷凝冷水机组	2018 年 1 月	
	4 号线二期	15	15	100%	模块式蒸发冷凝冷水机组	2022 年 2 月	
	5 号线一期	39	11	28%	整体式蒸发冷凝冷水机组	2020 年 4 月	
	6 号线	36	17	47%	整体式蒸发冷凝冷水机组	2021 年 11 月	
	7 号线	19	7	37%	整体式蒸发冷凝冷水机组	2022 年 4 月	
	8 号线	9	7	78%	整体式蒸发冷凝冷水机组	2021 年 6 月	
	9 号线	14	14	100%	整体式蒸发冷凝冷水机组	2022 年 4 月	
	10 号线	12	7	58%	整体式蒸发冷凝冷水机组	2022 年 2 月	
	16 号线	8	2	25%	整体式蒸发冷凝冷水机组	2020 年 4 月	
	19 号线	15	15	100%	模块式蒸发冷凝冷水机组	2022 年 9 月	
绍兴	1 号线	23	2	9%	冷媒直膨式蒸发冷凝系统	2022 年 4 月	
			4	17%	模块式蒸发冷凝冷水机组	2022 年 4 月	
长沙	4 号线	25	1	4%	整体式蒸发冷凝冷水机组	2019 年 5 月	
	6 号线	34	3	9%	整体式蒸发冷凝冷水机组	2022 年 6 月	
重庆	4 号线二期	15	2	13%	整体式蒸发冷凝冷水机组	2022 年 6 月	
	4 号线西延	9	5	56%	模块式蒸发冷凝冷水机组	建设中	
	9 号线二期	5	3	60%	整体式蒸发冷凝冷水机组	2023 年 1 月	
	10 号线二期	9	2	22%	整体式蒸发冷凝冷水机组	2023 年 1 月	目前开通 4 座车站
	6 号线一期	6	2	33%	整体式蒸发冷凝冷水机组	2013 年 12 月	
	6 号线二期	6	2	33%	整体式蒸发冷凝冷水机组	2020 年 1 月	
	15 号线一期	14	3	21%	模块式蒸发冷凝冷水机组	建设中	
	15 号线二期	11	2	18%	模块式蒸发冷凝冷水机组	建设中	
	18 号线一期	18	1	6%	模块式蒸发冷凝冷水机组	建设中	
成都	6 号线	56	1	2%	整体式蒸发冷凝冷水机组	2020 年 12 月	
	8 号线	25	2	8%	整体式蒸发冷凝冷水机组	2020 年 12 月	
贵阳	S1 号线	13	2	15%	整体式蒸发冷凝冷水机组	建设中	
宁波	3 号线一期	15	3	20%	冷媒直膨式蒸发冷凝系统	2019 年 6 月	
郑州	城郊线一期	15	1	7%	整体式蒸发冷凝冷水机组	2017 年 1 月	
	城郊线二期	4	1	25%	整体式蒸发冷凝冷水机组	2022 年 6 月	

续表

城市	线路名称	车站数	应用站点数	应用站点所占比例	系统或机组形式	开通时间	备注
郑州	3 号线一期	21	1	5%	整体式蒸发冷凝冷水机组	2020 年 12 月	
			1	5%	冷媒直膨式蒸发冷凝系统		
	3 号线二期	4	1	25%	冷媒直膨式蒸发冷凝系统	建设中	
	4 号线	27	4	15%	冷媒直膨式蒸发冷凝系统	2020 年 12 月	
	5 号线	32	1	3%	冷媒直膨式蒸发冷凝系统	2019 年 5 月	
			3	9%	整体式蒸发冷凝冷水机组		
	6 号线首通段	10	2	20%	冷媒直膨式蒸发冷凝系统	2022 年 10 月	
	6 号线东北段	18	6	33%	整体式蒸发冷凝冷水机组	建设中	
			7	39%	冷媒直膨式蒸发冷凝系统	建设中	
	7 号线一期	21	7	33%	整体式蒸发冷凝冷水机组	建设中	
			6	29%	冷媒直膨式蒸发冷凝系统	建设中	
	8 号线	28	10	36%	整体式蒸发冷凝冷水机组	建设中	
			4	14%	冷媒直膨式蒸发冷凝系统	建设中	
	10 号线一期	12	7	58%	冷媒直膨式蒸发冷凝系统	建设中	
	12 号线一期	11	7	64%	整体式蒸发冷凝冷水机组	建设中	
			3	27%	冷媒直膨式蒸发冷凝系统	建设中	
	机许线	16	1	6%	整体式蒸发冷凝冷水机组	建设中	
	14 号线一期	6	3	50%	冷媒直膨式蒸发冷凝系统	2019 年 9 月	
西安	10 号线	17	1	6%	冷媒直膨式蒸发冷凝系统	建设中	
上海	13 号线	31	1	3%	整体式蒸发冷凝冷水机组	2014 年 12 月	
			1	3%	整体式蒸发冷凝冷水机组	2018 年 12 月	
苏州	6 号线	31	3	10%	整体式蒸发冷凝冷水机组	建设中	
	8 号线	28	3	11%	整体式蒸发冷凝冷水机组	建设中	
深圳	12 号线	33	1	3%	整体式蒸发冷凝冷水机组	2022 年 11 月	
			1	3%	冷媒直膨式蒸发冷凝系统	2022 年 11 月	
	16 号线	24	1	4%	冷媒直膨式蒸发冷凝系统	2022 年 12 月	
	20 号线	5	1	20%	冷媒直膨式蒸发冷凝系统	2021 年 12 月	
广州	11 号线	32	1	3%	整体式蒸发冷凝冷水机组	建设中	
佛山	2 号线	17	1	6%	整体式蒸发冷凝冷水机组	2021 年 12 月	

第9章 蒸发冷凝空调新技术在数据中心的应用

9.1 数据中心机房工作方式及特点

随着信息时代的发展，数据中心的建设正以惊人的速度增长，数据中心总耗已占全社会总用电量的1.5%。数据中心特点为发热量大、可靠性高，顺应国家节能减排政策，为降低 *PUE*（Power Usage Effectiveness，电能使用效率），应采用高效制冷方式对室内温度、湿度进行控制。目前，数据中心采用的空调形式主要分为以下几种：行级空调度、热管背板、氟泵技术、蒸发冷凝、喷淋降温、液冷技术等。蒸发冷凝空调技术利用水的汽化潜热对制冷剂进行冷却，被广泛应用于数据中心、轨道交通、核电站常规岛、机场航站楼、民用建筑、工业厂房等建筑空调系统中。蒸发冷凝空调系统与传统机械制冷空调系统相比，初投资可节省1/2，维护费用节省2/3，运行费用节省3/4。

数据中心的设备由大量的电子元器件、精密机械、磁性材料等构成，机房内空气环境的变化对计算机及其他设备工作的可靠性和使用寿命影响巨大。因此，机房空调要求非常严格。各种类型机房对环境要求如表9.1所示。

各种类型机房对环境要求 表9.1

机房类型	空气温度	空气湿度	空气洁净度	隔振效果	防噪声	防静电	防电磁场干扰
计算机主机房	高	高	高	高	高	高	高
程控交换机机房	高	高	高	高	低	高	无
终端室	低	低	低	低	低	高	无
数据录入室	低	低	低	低	低	高	无
通信机室	低	低	高	无	无	高	无
已记录磁介质库	低	低	高	无	无	无	高
硬件维修室	高	高	低	无	无	无	无
软件分析室	低	低	低	无	无	无	无
仪器仪表室	低	低	低	无	无	无	高
本记录磁介质库	低	高	无	无	无	无	高

机房类型	空气温度	空气湿度	空气洁净度	隔振效果	防噪声	防静电	防电磁场干扰
不间断电源室	低	低	低	无	无	无	无
发电机室	无	高	高	无	无	低	无

对数据中心的空调系统有以下要求：

（1）高效、可靠。计算机机房建筑面积大、设备密集、热负荷集中，一般的计算机机房热量为 $200\sim250$ kcal/（m^2·h），程控交换机房更达到 $250\sim300$ kcal/（m^2·h）。机房热量主要包括设备发热、新风热负荷、照明散热、渗透热等，因此要求机房空调的运行、制冷能力高效、可靠，保证机房温度、湿度的要求。

（2）稳定性。数据中心机房部分的计算机需要全年不间断运行，计算机长时间的运行和对环境的高要求，决定了空调系统的运行周期长。即使在冬季，计算机设备仍有较大的发热量，空调系统仍须不断制冷。所以，机房空调要保证在不同季节、不同负荷、长期运行下设备的稳定性和可靠性。

（3）节能性。随着数据中心的快速发展，机房的数量越来越多，因此机房的耗能成为必须考虑的问题。据统计，空调能耗已经占到全国耗电量的较高比例；而在机房能耗的构成中，机房空调系统的能耗一般占机房总能耗的 $20\%\sim45\%$，有的甚至高达 60%，并有不断增大的趋势。因此，机房空调系统的节能对于机房的节能至关重要。

9.1.1　蒸发冷凝式冷水机组用于机房空调的优点

1. 高效、节能

蒸发式冷凝冷水机组的冷凝过程与风冷式、水冷式冷凝技术利用显热换热不同，它主要利用水的汽化潜热，带走制冷剂的凝结热。而影响蒸发冷凝式换热器效率的主要因素是空气的湿球温度。空气的湿球温度通常比干球温度低 $8\sim14$℃，因此蒸发式凝冷水机组的冷凝温度要比风冷和水冷的更低。有研究表明，冷凝温度每升高 1℃，单位制冷量的耗电量将增加约 3%。制冷剂冷凝温度降低的同时，水泵的压头和流量也降低，泵的动力消耗减少。所以，蒸发式凝冷水机组节能效果明显。它非常适用于计算机机房这种耗能大户，可以很好地满足其要求。

2. 稳定

风冷式冷水机组的运行效果，在夏季高温时刻受外界温度的影响大，机组冷凝温度达到 50℃，冷却效果非常差，有可能造成机组停机；水冷式冷水机组的循环冷却水必须靠冷却塔不断降温。而蒸发冷凝式冷水机组冷凝时利用的是水的潜热，理论上只与空气的湿球温度有关。夏季最高气温时，冷凝温度也只有 $35\sim38$℃，运行稳定，符合机房空调对制冷机组的稳定性要求。

3. 安装维护方便

蒸发冷凝式冷水机组将冷凝器和冷却塔"合二为一"。相比于水冷式冷水机组，结构更加紧凑。目前，通常设计和制造为一体化形式，机组尺寸也相应减少，安装、运行、维护方便。

因此，将蒸发冷凝式冷水机组应用于机房空调系统，在满足机房空调高效、节能、稳定等要求的同时，也具有一定的节能效果，适合应用于机房空调系统，故应在机房空调领域大力推广。

9.2　蒸发冷凝空调技术在数据中心应用实例

9.2.1　实例一

乌鲁木齐市某软件园东北侧的厂房原为丙类厂房，柱间距 8.0m，层高 5.4m，楼面荷载 800kg/m²，建筑高度 28.2m。经局部加固后，按《数据中心设计规范》GB 50174—2017 的 A 级标准改造为 IDC 数据机房，设置平均功率密度为 4kW 的机架约 860 个。改造建筑面积为 8350m²，其中大楼 1 层为电气辅助用房，2、3 层为数据机房，4 层为监控及配套办公用房，屋顶局部是空调及配电设备用房，采用蒸发冷凝冷水机组 5 台，置于 4 层屋面。制冷系统满足工艺空调及辅助用房的需要。空调的供配电系统、不间断电源系统、柴油发电机系统、电池、主机集中控制及管理系统，均按照 A 级机房的标准设计。

按照建筑现状及当地的气候条件，该项目在设计过程中，从冷源到末端均采用高效节能型设备；当室外湿球温度 < 5℃时，机组采用自然冷源模式，冷水设计供水 / 回水温度为 12/18℃，冷却水设计供水 / 回水温度为 32/37℃，冷水机组、冷水泵、精密空调均按四用一备配置。机房专用恒温恒湿精密空调送风采用下沉式 EC 风机（高效离心式风机），循环水泵、精密空调采用变频控制。

考虑到用冷安全余量及主机冷量的修正，安装 5 台制冷量为 1000kW/ 台的蒸发冷凝冷水机组（四用一备），可提供 4000kW 的制冷量，满足机房及辅助用房、配套办公用房等的用冷需求。其冷源侧水系统流程如图 9.2-1 所示。

冷水机组为蒸发冷凝冷水机组，可实现空调主机冷源、冷却系统一体化，无须额外配置冷却塔、冷却水泵、冷却水系统管路；自然冷源运行时，不需要经过板式换热器二次换热，提高了自然冷源开启的温度阈值，增加了自然冷源的运行时间，实现了进一步的节能。

机房专用冷水机组（带自然冷源）默认设定，由机组出水温度调节压缩机运行，同时记录出水温度、回水温度及环境温度，根据其变化趋势预判负荷，自主选择压缩机的运行数量和能级调节。同时，机组根据环境温度及其变化趋势实现空调机组运行的自动模式转换：

（1）当环境湿球温度≥5℃时，机组初始运行压缩机制冷模式；

（2）当环境湿球温度<5℃时，机组自动转换为喷淋自然冷源制冷模式；

（3）当机组运行喷淋自然冷源制冷模式时，满载工况下，冷水出水温度仍然高于10.5℃时，机组逐台自动转换为压缩机制冷模式；

（4）当环境干球温度低于−15℃时，机组开启风冷自然冷源制冷模式；

（5）当机组运行风冷自然冷源制冷模式时，满载运行的情况下，冷水出水温度仍然高于10.5℃时，则机组逐台自动转换为喷淋自然冷源制冷模式。

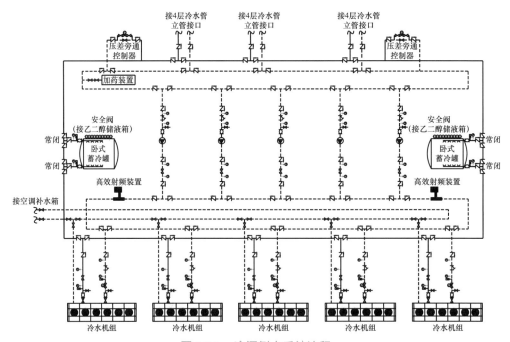

图 9.2-1   冷源侧水系统流程

1. 节能分析

蒸发冷凝冷水机组能效受室外环境湿球温度影响，根据乌鲁木齐历年气象参数统计，可知该地区室外湿球温度在全年的变化情况和时长，所选机组不同湿球温度下满负荷运行耗电量如表 9.2-1 所示。

所选机组不同湿球温度 t 下满负荷运行耗电量　　　　　　表 9.2-1

室外湿球温度	时长/h	机组功率/kW	全年耗电量/(kW·h)	室外湿球温度	时长/h	机组功率/kW	全年耗电量/(kW·h)
$t > 29℃$	0	237.32	0.00	$27℃ \geq t > 26℃$	0	224.71	0.00
$29℃ \geq t > 28℃$	0	232.99	0.00	$26℃ \geq t > 25℃$	0	220.87	0.00
$28℃ \geq t > 27℃$	0	228.79	0.00	$25℃ \geq t > 24℃$	0	217.03	0.00

续表

室外湿球温度	时长 / h	机组功率 / kW	全年耗电量 / (kW·h)	室外湿球温度	时长 / h	机组功率 / kW	全年耗电量 / (kW·h)
24℃≥t>23℃	0	214.03	0.00	7℃≥t>6℃	370	160.61	237704.05
23℃≥t>22℃	0	206.95	0.00	6℃≥t>5℃	454	160.61	291669.29
22℃≥t>21℃	0	201.78	0.00	5℃≥t>4℃	405	30.00	48600.00
21℃≥t>20℃	0	196.98	0.00	4℃≥t>3℃	340	30.00	40800.00
20℃≥t>19℃	1	192.30	769.20	3℃≥t>2℃	351	30.00	42120.00
19℃≥t>18℃	0	187.86	0.00	2℃≥t>1℃	386	30.00	46320.00
18℃≥t>17℃	1	183.66	734.63	1℃≥t>0℃	368	30.00	44160.00
17℃≥t>16℃	1	179.70	718.78	0℃≥t>-1℃	288	30.00	34560.00
16℃≥t>15℃	2	175.85	1406.83	-1℃≥t>-2℃	296	30.00	35520.00
15℃≥t>14℃	29	169.25	19633.33	-2℃≥t>-3℃	276	30.00	33120.00
14℃≥t>13℃	63	165.89	41804.70	-3℃≥t>-4℃	244	30.00	29280.00
13℃≥t>12℃	93	165.89	61711.70	-4℃≥t>-10℃	1279	30.00	153480.00
12℃≥t>11℃	197	164.57	129682.09	-10℃≥t>-15℃	1257	27.00	135756.00
11℃≥t>10℃	300	163.73	196477.06	-15℃≥t>-20℃	674	27.00	72792.00
10℃≥t>9℃	319	160.61	204939.43	-20℃≥t>-25℃	116	24.00	11 136.00
9℃≥t>8℃	349	160.61	224212.73	-25℃≥t>-30℃	2	24.00	192.00
8℃≥t>7℃	299	160.61	192090.57	t≤-30℃	0	24.00	0.00

该数据中心机房制冷系统满负荷运行，4 台 1000kW 制冷机组全年总耗电量为 2.33×10^6 kW·h，每台机组全年耗电量为 5.8×10^5 kW·h。机组全年平均制冷 COP 为 15.03，节能效果显著。

该数据中心 IT 设备功率为 2800kW，制冷单元功率为 266kW，冷水泵功率为 180kW，末端空调功率为 260kW，则数据中心理论 PUE 为 0.252。

采用工程简化计算方法，计算得该数据中心机房的 PUE 为 1.362，远低于目前国内中小型数据中心平均 PUE（约为 1.8），达到了国家"十三五"相关规划纲要及《信息通信行业发展规划（2016—2020 年）》提出的"到 2020 年，新建大型、超大型数据中心的 PUE 值达到 1.4 以下"以及工业和信息化部、国家机关事务管理局、国家能源局 2019 年初联合印发的《关于加强绿色数据中心建设的指导意见》提出的"到 2022 年，数据中心平均能耗基本达到国际先进水平，新建大型、超大型数据中心的 PUE 值达到 1.4 以下"的目标。

2. 实际测试

该项目目前启用 250 个机柜，系统初期运行负荷率较低。夏季运行时，需开启压缩机制冷，导致实测 PUE 较高，且运维部门将冷水供水 / 回水温度提升至

14℃/20℃，故系统实际运行 PUE 略低于设计值。冬季无须开启压缩机制冷，采用自然冷却，按照《数据中心节能认证技术规范》CQC 3164—2018 的要求进行测试。

数据中心为非恒定功率，所以用电量数据的标准获取方法是使用电能计量仪表统计或使用带有积分功能的功率表获得；数据中心制冷是数据中心除 IT 设备外最大的耗能设备，建筑的结构、形式和气候会对数据中心耗能产生影响。由于这些因素会存在季节性的波动，所以测试一般以 1 年为测试周期。

结果表明，经过现场测试，得到夏季 6 月（最热月）与冬季 12 月（最冷月）的运行数据，单位为 kW · h，如表 9.2-2 所示。

实际测量数据   表 9.2-2

月份	IT 设备耗电	空调主机耗电	水泵耗电	末端耗电	UPS 损耗	低压损耗	合计
6 月	299448	53325	20287	11695	10972	8527	404254
12 月	299331	18000	20203	11554	10635	8031	367752

6 月和 12 月实际 PUE 分别为 1.349 和 1.229。这是由于提高了系统冷水的温度，且各运行设备效率超过目标值，故系统实际 PUE 较设计值有一定程度的降低。

9.2.2 实例二

西安某数据中心机房，对采用蒸发冷凝冷水机组和采用水冷式冷水机组两种方案的机组能效比、耗电量、耗水量、耗煤量、CO_2 排放量等内容进行计算分析，为蒸发式冷凝冷水机组在数据中心机房的应用提供数据支撑。

西安某数据中心机房，地面建筑两层，建筑面积约为 440m²。机房内设置直流机柜 110 个，交流机柜 25 个，设备货架 16 个，设备货架上摆放的为通信设备。该机房设备发热量约为 178kW，冷负荷指标为 466W/m²。机房原有空调系统为全空气系统，配备有一台额定风量为 42000m³/h 的组合式空气处理机组，额定制冷量278kW，加湿量 140kg/h。冷源采用冷却塔＋水冷式冷水机组形式。现将冷源采用蒸发式冷凝冷水机组形式，对比两种方案的经济性。

1. 系统 EER 值分析（不含冷冻水泵及末端设备）

EER 为评价系统能耗的重要指标，两种空调方案 EER 值比较如表 9.2-3 所示。

系统 EER 值比较表   表 9.2-3

空调方案	蒸发式冷凝冷水机组（方案 1）	水冷式冷水机组（方案 2）
主机型号	WSLZ160CSX	BWW170-3
总冷量 /kW	160×2 = 320	165×2 = 330
主机数量 / 台	2	2
主机规格 /kW	$Q = 160$，$N = 35$	$Q = 165$，$N = 39$

续表

空调方案	蒸发式冷凝冷水机组（方案 1）	水冷式冷水机组（方案 2）
冷却水系统 /kW	—	15.4
制冷系统总功率 /kW	$35\times2=70$	$39\times2+15.4=93.4$
系统 EER	$COP=320/70=4.57$	$COP=330/93.4=3.53$

注：两种方案的空调末端和冷冻水系统完全相同，水冷式冷水机的冷却水系统为两台冷却塔和两台冷却水泵的功率之和，单台冷却塔功率为 22kW，单台冷却水泵功率为 5.5kW；制冷系统总功率为主机功率与冷却水系统功率之和。

蒸发式冷凝冷水机组的能效比为 4.57，水冷式冷水机组能效比为 3.57，蒸发式冷凝冷水机组比水冷式冷水机组节能约 29.5%。

2. 系统运行费用分析

从表 9.2-4 计算结果可知，蒸发式冷凝冷水机组的年耗电量为 61.32 万 kW·h，水冷式冷水机组的年耗电量为 81.82 万 kW·h；使用蒸发式冷凝冷水机组每年可节约电量 20.5 万 kW·h，每年节约费用 20.5 万元，15 年可节约 307.5 万元。

系统运行电费比较　　表 9.2-4

空调方案	蒸发式冷凝冷水机组（方案 1）	水冷式冷水机组（方案 2）
系统总功率 /kW	$35\times2=70$	$39\times2+15.4=93.4$
日耗电量 /（kW·h）	1680	2241.6
年耗电量 /（$\times10^4$kW·h）	61.32	81.82
电费 /［元/（kW·h）］	1	1
年耗电费 / 万元	61.32	8182

3. 系统耗水量分析

上述两方案系统运行节水量比较见表 9.2-5。蒸发式冷凝冷水机组的年耗水量为 3854.4m³/h，水冷式冷水机组的年耗水量为 7884m³/h；使用蒸发式冷凝冷水机组节水率为 51.11%，每年可节约水费 1.21 万元，15 年可节约 18.15 万元。

通过对两种空调方案节电、节水进行对比分析，可知，蒸发式冷凝冷水机组年节约运行费用为节电＋节水＝ 20.5 ＋ 1.21 ＝ 21.71 万元。

系统节水量比较表　　表 9.2-5

空调方案	蒸发式冷凝冷水机组（方案 1）	水冷式冷水机组（方案 2）
总耗水量 /（m³/h）	0.44	0.9
年运行时间 /h	8760	8760
年耗水量 /（m³/h）	3854.4	7884
水费 /（元 /m³）	3	3
年运行费用 / 万元	1.16	2.37

4. 系统耗煤量和 CO_2 排放量

两种空调方案系统的节煤量及 CO_2 减排量比较，如表 9.2-6 所示。

系统节煤量及 CO_2 减排量比较表   表 9.2-6

空调方案	蒸发式冷凝冷水机组（方案1）	水冷式冷水机组（方案2）
年耗电量 $/(\times 10^4 kW \cdot h)$	61.32	81.82
年耗标煤量 /t	$613200 \times 0.1229 \times 10^{-3} = 75.36$	$818200 \times 0.1229 \times 10^{-3} = 100.56$
排放量 /t	$2.47 \times 75.36 = 186.14$	$2.47 \times 100.56 = 248.38$

注：1. 标煤量根据《综合能耗计算通则》GB/T 2589—2020 进行计算，$1kWh = 0.1229 \times 10^{-3}t$ 标煤。

2. CO_2 排放量根据 $Q_{CO_2} = 2.47 \times M$ 进行计算，Q_{CO_2} 为 CO_2 排放量；M 为标煤节约量；2.47 为标煤的 CO_2 排放因子。

由表 9.2-6 可知，蒸发式冷凝冷水机组的年耗标煤量为 75.36t，水冷式冷水机组的年耗标煤量为 100.56t；使用蒸发式冷凝冷水机组年节约标煤量 25.2t，CO_2 排放量每年可减少 62.24t。

综上所述，对比两种空调系统方案的能效比、耗电量、耗水量、耗煤量、CO_2 排放量等内容，可得出蒸发冷凝式冷水机组比水冷式冷水机组节能约 29.5%，年节约运行费用 21.71 万元，年节约标煤量 25.2t，CO_2 排放量每年减少 62.24t，具有较好的经济性。

随着能源成本的不断增加及人们对绿色、环保、可持续发展理念的越加重视，数据中心的节能需求越来越强烈。为提高数据中心的能源利用效率、降低 PUE，节能减排已成为数据中心追求的目标之一。在采用蒸发冷凝技术时，需要综合考虑数据中心室内设计要求及当地室外气象参数。与其他技术相结合时，须保证节水、节电、节地等要求。蒸发冷凝技术顺应了当前数据中心模块化、集成化和产品化的发展趋势，满足数据中心快速建设的需求。目前，已在数据中心得到广泛应用，将会成为未来"新基建"数据中心空调系统的重要发展方向之一。

第10章 蒸发冷凝新技术 在其他领域的应用

10.1 蒸发冷凝新技术在氨制冷系统的应用

随着能源危机的出现和水资源逐渐短缺，蒸发冷凝式换热器作为一种高效新型换热器，逐渐被广泛地应用于各种领域。下面列举蒸发冷凝式换热器在氨制冷系统中的几个应用案例。

10.1.1 化肥生产氨合成系统的应用

某化肥公司的氨合成系统为 $\phi1200$ 和 $\phi2200$ 两套。其中，$\phi1200$ 合成系统为旧装置，水冷器未作改造；$\phi2200$ 合成系统为新建装置。考虑到节能、环保、综合投资、占地面积等多方面的因素，$\phi2200$ 氨合成系统采用了蒸发冷凝式换热器。实际使用中，蒸发冷凝式换热器收到了良好的使用效果，给企业带来了巨大的经济效益。

1. 氨合成工艺流程

$\phi2200$ 氨合成系统的工艺流程如图 10.1 所示。具体流程为：压缩 6 段来的原料气（压力 $<23.0\text{MPa}$，含 $CO + CO_2$ 混合气，含量 $<2.5\%$）通过高压醇烷化系统气体中的（$CO + CO_2$）混合气与 H_2 发生反应，（$CO + CO_2$）混合气总量被脱除（含量 $<1.0\times10^{-5}\text{mg/L}$），得到的精炼气体为氨合成新鲜气补充气。该气体在 $\phi2200$ 氨合成系统氨分离器处与合成氨循环气进行混合，之后再进入 $\phi2200$ 氨合成系统。

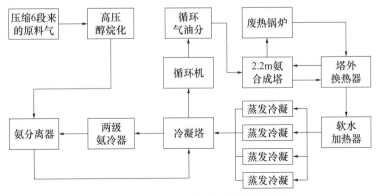

图 10.1　$\phi2200$ 氨合成系统工艺流程

2. 氨合成系统运行参数

ϕ2200 氨合成系统的蒸发冷凝式换热器运行状况良好。尿素系统未运行时，其补充水使用脱盐水。在尿素系统正常运行时，使用尿素的解析废液。虽然尿素的解析废液温度较高，但因其补充水量较小，所以带入的热量与整个蒸发冷凝式换热器换热量相比很少，对气体降温及冷凝没有很大的影响。ϕ2200 氨合成系统运行数据见表 10.1-1。

ϕ2200 氨合成系统运行数据   表 10.1-1

项目	新鲜气量 / (m^3/h)	循环气量 / (m^3/h)	系统压力 / MPa	触媒层温度 / ℃	蒸发冷入口温度 / ℃	蒸发冷出口温度 / ℃	循环气 CH_4 含量 /%	合成氨产量 / (t/h)
数值	65000	3.8×10^5	20	470	70	29	19	27

3. 氨合成系统中蒸发冷凝式换热器的运行管理与保养

（1）蒸发凝器式换热器的蛇形盘管内介质为气液混合物，对管道的冲刷严重，需要定期对换热盘管进行测厚。之后，要立即对破坏的镀锌层进行防腐处理，尤其注意弯头处是否有明显的减薄现象。

（2）日常运行中，要经常检查喷淋水是否均匀、喷头有无堵塞等现象。短期停车时，检查收水器有无塌陷、喷头有无脱落等现象。

（3）应定期对蒸发冷凝式换热器循环水质进行检测，使循环水（25℃）维持 pH 值在 6.0～7.5 的范围，硬度 ≤ 50mg/L，Cl^{-1} 含量 < 150mg/L。

（4）由于喷淋水的蒸发，需要定期排污。防止水中的矿物质及其他杂质的积聚，使水的酸度或矿物质含量增高，产生腐蚀和水垢。

（5）ϕ2200 氨合成系统的蒸发冷凝式换热器补水为脱盐水。尿素系统运行后，将尿素的解析液作为蒸发冷凝式换热器的补水，应每半月对蒸发冷凝式换热器的水彻底置换 1 次。

（6）定期清理蒸发冷凝式换热器积留在水箱底部或过滤器、盘管上的杂物，以避免杂物进入循环系统而堵塞喷头。

（7）需每 1h 检查水箱水位及自动上水浮球阀、溢流阀是否正常工作、水泵的运行情况等。

10.1.2   冷冻系统出现超负荷问题时的应用

随着合成氨装置不断改造，可能使冷冻系统超负荷运行，贮液槽压力超标，造成生产运行不经济、不安全。某公司合成氨装置冷冻系统共有冰机 6 台（5 台 8AS17 和 1 台 KA25 冰机），夏季全开，冬季有 2 台 8AS17 冰机备用。2 台 8AS17 冰机安装在合成车间，其余 4 台冰机安装在脱碳车间冷冻岗位。冰机出口气氨冷却系统原采用 7 台立式冷凝器，每台换热面积为 308m²。随着合成氨装置的不断改造，夏季冷冻系统已超负荷运行，冰机电流高且贮液槽压力高达 1.7MPa。为解决这一问题，采用蒸发冷凝式换热器替代立式冷凝器。下面说明替换后的使用效果。

　　1. 方案选择与蒸发冷凝式换热器选型

　　（1）考虑到合成车间与脱碳车间相距较远，在 2 个车间分别安装蒸发冷凝式换热器。蒸发冷凝式换热器选型参数见表 10.1-2。

蒸发冷凝式换热器选型参数　　　　　　　　　　　　　表 10.1-2

冰机型号	标准排热量 /kW	蒸发温度 /℃	冷凝温度 /℃	湿球温度 /℃	校正系数
8AS17	702	−15	35	28	1.4
KA25	1662				

　　合成车间 2 台 8AS17 冰机的校正热量为：2×702×1.4 ＝ 1966kW

　　脱碳车间 3 台 8AS17 冰机和 1 台 KA25 冰机的校正热量为：1662×1.4 ＋ 3×702×1.4 ＝ 5275kW

　　（2）蒸发冷凝式换热器选型

　　考虑到合成氨装置改造和夏季高温等因素，要保证选型时留有一定富余量。由于脱碳冷冻冰机能互相并联，脱碳冰机岗位选 2 台蒸发冷凝式换热器（1 台 NZFI3100 型和 1 台 NZFI3400 型），合成冰机选 1 台 NZFI2480 型蒸发冷凝式换热器。选用的蒸发冷凝式换热器主要技术参数见表 10.1-3。

蒸发冷凝式换热器主要技术参数　　　　　　　　　　　　表 10.1-3

型号	标准排热量 / kW	补充水量 / （t/h）	风机		水泵		设备质量 /kg			设备规格（长×宽×高）/ （mm×mm×mm）
			风量 / （m³/h）	功率 / kW	风量 / （m³/h）	功率 / kW	运输	运行	最终部件	
NZH2480	2480	0.7～1.0	55000×4	4.0×4	120×2	4.0×4	13921	20621	11608	3990×3790×4596
NZH3100	3103	0.9～1.2	80000×3	5.5×3	135×2	5.5×3	19468	27390	13958	6530×3190×4596
NZH3400	3403	1.0～1.4	78000×4	5.5×4	135×2	5.5×4	19230	30178	7093	8010×3190×4246

　　（3）其他主要部件选择

　　轴流风机要求风阻小、风量大、噪声小、性能强、效率高。标准配置的轴流风机采用空铝合金叶轮，钢制静电喷塑风筒，选用全封闭自冷式电机。防护级为 LP55，外壳采用静电喷塑，抗酸碱、耐腐蚀。冷凝盘管是蒸发冷凝式换热器的核心部件。为提高管内外径热系数，采用椭圆形高径导管，并经过整体高温热浸锌处理，保证整体的防腐能力。冷凝盘管结构设计为各流程管路流向倾斜一定角度，便于液氨流出，确保流动阻力最小。循环水泵采用大流量、低扬程、小功率蒸发冷凝式换热器专用水泵。轴封采用强制环流、不受转向限制的特殊机械密封环，无泄漏、寿命长。框架式外护板选用优质热浸锌钢板材质，外表面采用静电喷塑。钢框架采用热浸镀锌防腐蚀处理，分水装置中喷嘴采用高品质 ABS 材质的大流量防堵塞抗老化喷嘴，具有流量大、易清洗、不易堵塞、易维护、寿命长的特性。使循环水水膜最大限度地包住盘管外壁，减少了冷凝管壁水膜"干点"，确保了冷却面积和水分汽化，增强了传热效果。喷嘴与喷淋支管采用螺纹连接，便于拆卸和冲洗。收水器采用高品质 PVC 材质，抗老化、质轻，便于清洗保养，多孔、多曲面结构能有效地均匀收集湿空气中的水分，使水的飘逸率小于 0.01%。进风口采用钢制百叶窗形式，表面采用静电喷塑，进风通畅、抗蚀耐用。

2. 使用中的问题与解决方法

（1）不凝性气体存在会造成冰机出口压力高、电流偏大的问题。若这些气体越积越多，冷凝压力将会不断升高。处理办法是在严格遵循安全规程的前提下，在运行中通过打开 1 个盘管出液口和贮液口上的放空气阀排放不凝性气体。同时，要检查不凝性气体的来源，合成氨冰机不凝性气体主要化学成分为 H 和 N，来源于循环机填料泄漏、氨冷器泄漏。最后，针对实际问题进行处理。

（2）长时间运行后，结垢、腐蚀会降低传热性能和使用寿命。可使用脱盐水，也可以根据水质情况增加电子除垢措施，通过简单的连续排污和复杂的生物水处理系统进行处理。

3. 使用效果和经济分析

（1）效果对比

由于蒸发冷凝式换热器水循环系统为独立系统，所以独特的制冷系统使气体的冷凝温度要比用风冷式冷凝器或水冷式冷凝器的低，因而使冰机的输送功率减小。蒸发冷凝式换热器投运前后效果对比，见表 10.1-4。

蒸发冷凝式换热器投运前后效果对比　　　　　　　表 10.1-4

项目	冰机	冰机电流 /A	冰机进口压力 /MPa	冰机出口压力 /MPa	氨冷却温度 /℃
投运前	8AS7	380	0.30	1.70	−1
	KA25	48			
投运后	8AS7	300	0.20	1.35	−5
	KA25	33			

（2）经济效益分析

① 节约用电

蒸发冷凝式换热器投运后，原 2 台循环水泵停运（1 台 90kW，1 台 150kW）。2009 年春季检修时，将循环管线改为尿素循环水，用于一冷、二冷及脱碳水冷却，从而使尿素日产量由 530t 增加至 580t，年节电费约 36.9 万元。冰机电流降低后，KA25 螺杆冰机年节电费 65 万元，8AS17 冰机年节电费 32.8 万元。合计 76.2 万元。

②增加氨产量

弛放气中的氨质量浓度下降，每年可回收氨72.94t，增加经济效益约15.4万元。

③节约用水

蒸发冷凝式换热器投运后，循环水池每天少补水约 500m²，年节约水资源费用约 30 万元。

④ 由于冷却效果好，氨罐不再超压，环保效益显著。冰机负荷小且运行稳定，从而减少了设备的维修防护费用。

10.1.3　氨压缩机出现出口压力过高问题时的运用

某化肥公司以褐煤作为原料生产合成氨，氨冷冻系统由氨压缩机及其附属设备、辅助设备所组成，主要任务是为空分单元、低温甲醇洗单元、氨合成单元提供低温冷量。氨冷冻制冷工艺制冷压缩机采用 6 级压缩，其中每两级均构成一段，分别对应一级冷量，相对应的制冷温度为：一段 -38℃、二段 -15℃、三段 3℃。

1. 氨冷冻工艺流程

来自氨合成单元的液氨（10℃）送入氨冷冻系统氨接收罐冷氨区，来自氨冷冻系统经氨冷凝器冷凝的液氨（35℃）进入热氨区，冷热氨区的液氨混合后温度变为25℃，分别送至氨合成单元一级氨冷器和空分单元氨冷器换热，返回的气氨（3℃、0.37MPaG），进三段入口分离罐分离液体后，进入氨压缩机三段；三段入口分离罐中的液氨（3℃、0.37MPaG）送至氨合成单元二级氨冷器换热，返回的气氨（-15℃、0.131MPaG）在二段入口分离罐中分离液体后，入氨压缩机二段；二段入口分离罐中液氨（-15℃、0.137MPaG）送至低温甲醇洗单元氨冷器换热，返回的气氨（-38℃、0.078MPaA）在一段入口分离罐中分离液体后，入氨压缩机一段。氨接收罐中的液氨大部分作为制冷剂参与制冷循环，另一部分液氨（25t/h、35℃）由液氨泵加压后送至尿素装置。氨压缩机为 6 级三段压缩，三段出口的气氨（145℃、1.48MPaG、33956kg/h），在氨冷凝器中冷凝为液氨，返回氨接收罐中。

氨冷冻系统自投用以来，存在的主要问题为：一方面，氨压缩机出口压力高于设计值，100% 负荷运行时氨压缩机出口气体的氨压力为 1.70MPaG，高于设计值 1.48MPaG，冷凝温度为 44℃，高于设计值35℃。由于压力偏高，导致需要开大不凝性气体排放阀，放氨火炬，以降低氨压缩机的出口压力，这样造成了氨的浪费。另一方面，当冷冻负荷升高或汽轮机主蒸汽压力轻微波动时，汽轮机转速降低，造成氨压缩机跳车，氨冷冻系统运行稳定性差。因此，氨压缩机出口压力高于设计值成为影响生产经济稳定运行的瓶颈问题。经分析，氨压缩机超负荷的主要原因是氨合成单元冷量需求超过了设计负荷，因此要降低氨压缩机出口压力，须对氨冷凝器进行改造。通过考察比较，新增 1 台蒸发冷凝式换热器，以降低氨压缩机的出口压力。

2. 蒸发冷凝式换热器选型

原设计氨冷凝器为 2 台固定管板式循环水冷却器并联，新增 1 台蒸发冷凝式换热器，使氨压缩机出口压力降至设计值以下。湿球温度按 20℃计。经核算，选用 1 台标准排热量为 8000kW 的蒸发冷凝式换热器，主要设备参数见表 10.1-5。

蒸发冷凝式换热器设备参数   表 10.1-5

项目		规格型号	备注
外形尺寸（长 × 宽 × 高）/（mm×mm×mm）		10550×3790×4886	冷凝管束为整体热浸镀锌
规格（mm）		$\phi25/32×1.0$	
冷凝盘管	材质	304 不锈钢波纹管	
	阻力降	< 50kPa	
轴流风机	功率	7.5×8kW	夏季最恶劣工况时全开，冬季风机开 2～4 台
	单台风量	100000m³/h	
喷淋水泵	功率	7.5×2kW	一开一备
	单台泵流量	280m³/h	
	扬程	7.5m	
耗水量		11.3t/h	夏季最恶劣工况下，冬季气温低时耗水量为 0
装机容量		75kW	夏季最恶劣工况下，冬季气温低停水泵

3. 使用效果

蒸发冷凝式换热器自投用以来，氨压缩机出口压力与冷凝温度降至设计值以下，氨压缩机汽轮机主蒸汽阀门开度降至 80% 左右（改造前为 100%），蒸发冷凝换热器冷凝效果明显。同时，原氨冷凝器可以省出 1 台，节省循环水用量。蒸发冷凝式换热器冬季干运行，不需要冷却水，用空气进行冷却，充分利用低温空气冷量，节省用电量和用水量。

10.2 蒸发冷凝新技术在家用空调中的应用

10.2.1 蒸发冷凝式换热器在家用中央空调的应用

蒸发冷凝式家用中央空调与风冷冷水机组、水冷冷水机组的突出不同点在于：蒸发冷凝式空调冷凝温度较风冷冷水机组低得多，同样冷量可节能 30%～40%；因其冷凝热量靠水蒸发潜热带走，所需风量小，有消声处理，噪声较小；蒸发冷凝式空调受外界环境影响小，空调机出力与用户需求相反。所以，风冷式空调机组选型时，为了满足恶劣天气的使用，机组容量偏大，多数时间部分负荷运行，造成初投资大；蒸发冷凝式家用中央空调因其排风量和排风口小，可以安装在封闭空间如阳台内，不破坏建筑的美观。蒸发冷凝式换热器与水冷冷凝器相比，省去了冷却塔，用户使用方便。由于蒸发冷凝式家用中央空调的诸多优点，近几年在我国北方、华南、长江流域得到广泛应用。因蒸发冷凝式家用中央空调的高能效，受室外环境影响小，作为单冷机组在我国北方冬冷夏热、南方冬暖夏热地区优势更加明显。在夏热冬冷地区，冬季多有集中供暖，气温过低时风冷式空调机组无法正常工作，选用蒸发冷凝式家用中央空调用于夏季制冷；夏热冬暖地区的冬季不需要供暖，蒸发冷凝式中央空调更是首选。蒸发冷凝式家用中央空调作为一种家用中央空调，结构独特，同时高效、节能。随着国家节能政策的进一步实施，蒸发冷凝式家用中央空调有着很好的市场前景。

10.2.2　蒸发冷凝式家用中央空调及热泵机组的原理

图 10.2-1 为蒸发冷凝式家用中央空调的工作原理。图 10.2-2 为蒸发冷凝式热泵机组的原理。为了使蒸发冷凝式家用中央空调应用更广泛，对有低温水源的地方，蒸发冷凝式换热器可并联一个板式换热器。夏季采用蒸发冷凝式空调；冬季蒸发冷凝式换热器不工作，切换到板式换热器，利用低温热水为空调房间提供热量。在原来的机组上增加四通换向阀 4、气液分离器 5、制冷用电磁阀 10、制热用电磁阀 2、室外板式换热器 9、干燥过滤器 8 和热力膨胀阀 7（双向）。制冷时，电磁阀 2 关闭，电磁阀 10 打开；制热时，电磁阀 2 打开，电磁阀 10 关闭，蒸发冷凝式换热器不工作，室外板式换热器 9 投入工作。改造后机组造价略有提高，但制热时高能效比的性能是风冷式空调无法相比的。故对于某些地区，比如长江流域地区，冬季制热负荷不大，夏季炎热，选用此类蒸发冷凝式家用中央空调可以满足要求。

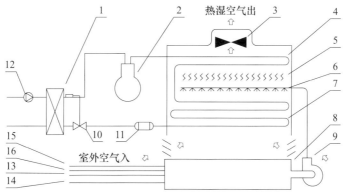

1—板式换热器；2—压缩机；3—风机；4—预冷器；5—挡水板；6—淋水器；
7—冷凝器；8—水箱；9—淋水器；10—膨胀阀；11—干燥过滤器；
12—冷冻水泵；13—凝结水管；14—排污管；15—溢水管；16—补水管

图 10.2-1　蒸发冷凝式家用中央空调工作原理

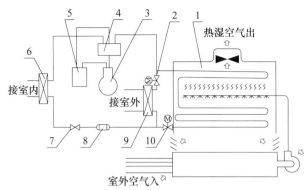

1—预冷器；2—制热用电磁阀；3—压缩机；4—四通换向阀；5—气液分离器；6—板式换热器；
7—热力膨胀阀（双向）；8—干燥过滤器；9—室外板式换热器；10—制冷用电磁阀

图 10.2-2　蒸发冷凝式热泵机组原理

10.3　蒸发冷凝新技术在海水淡化系统中的应用

　　蒸发冷凝式换热器作为海水淡化装置的热源，由冷凝器和淋水器组成。海水喷淋在冷凝器盘管及翅片上形成水膜，充分吸收管内制冷剂相变时放出的潜热，从而使海水温度升高。传热的驱动力是冷凝温度和水膜的温差。通过水膜与流动空气的热质交换，实现盐水分离，汽化过程要吸收大量的汽化潜热，进一步促进管内制冷剂的冷凝过程，释放凝结潜热。以上的综合结果是降低了冷凝温度，使蒸发冷凝式换热器中的气流温度和湿度都得到了提高。经过蒸发冷凝式换热器获得的近饱和湿空气，再经过蒸发器冷凝成淡水。此时，蒸发器管内制冷剂和管外湿空气都在进行相变换热。在上述基础上构成的热泵式海水淡化装置就不需要外热源。在较低的冷凝温度下，30~40℃就能生产淡水。但冷凝温度较常规蒸汽压缩式制冷机低，使整机的 COP 有较大的提高。热泵式海水淡化装置是一种高度节能，特别适合千家万户使用的小型海水淡化机。下面列举一种新型热泵式海水淡化装置，采用了热泵蒸发器和蒸发冷凝式换热器作为冷源、热源进行海水淡化。

10.3.1　装置介绍及工作原理

　　热泵式海水淡化系统主要部件为压缩机、蒸发冷凝式换热器、热泵式蒸发器、节流装置、淋水设备等，包括水循环系统、风系统、制冷机系统、控制系统及测试系统。海水系统包括海水喷淋系统以及海水补偿系统；风系统的任务是输送空气，控制空气量，并保证进风的设定参数，即保证空气的干球、湿球温度达到设定的参数值；制冷机系统是对流过空气进行热湿处理，蒸发冷凝式换热器对空气加热加湿，产生高温饱和湿空气，在蒸发器处降温、减湿，获得淡水。

　　图 10.3 所示为热泵式海水淡化系统的工作原理，该系统在进行海水淡化操作

时，气流方向从左到右，首先经过蒸发冷凝式换热器加热加湿，海水喷淋在蒸发冷凝式换热器的表面形成水膜，并与空气进行热湿交换，再经过蒸发器降温减湿，高温饱和湿空气中的水蒸气在蒸发器表面凝结，获得淡水。未蒸发的海水喷淋后落入海水水箱中，再由水泵打回至喷淋设备喷淋。在蒸发冷凝式换热器两侧设置挡水栅，以免水珠四溅而影响风机的正常工作，尽量把空气中夹带的水滴收集起来。

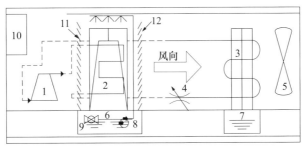

1—压缩机；2—蒸发冷凝式换热器；3—蒸发器；4—节流阀；5—双向风机；6—海水水箱；
7—淡水水箱；8—水泵；9—浮球阀；10—电气控制部分；11、12—挡水栅

图 10.3　热泵式海水淡化系统示意图

10.3.2　不同参数对海水淡化系统的影响

根据数学模型和计算方法，对整个海水淡化系统进行性能分析，得到不同参数对淡水产量的影响。有以下参数：空气流量（kg/h）、海水流量（kg/h）、蒸发器结构参数、冷凝器参数、环境参数［温度（℃）、环境湿度（%）］、海水温度（℃）。

（1）海水喷淋温度对淡水产量、海水蒸发量的影响

海水的蒸发量随进口海水温度的升高而增长，淡水产量随着进口海水温度的升高而增加。但是，由于饱和湿空气换热包括显热和潜热两部分，湿空气的比热容远小于水蒸气的凝结潜热。所以，在热泵制冷量确定后，海水的蒸发量随海水温度的升高增长很快，淡水产量却增长缓慢。

（2）海水喷淋量对淡水产量、海水蒸发量的影响

海水的蒸发量随海水喷淋量的增加而增长；热泵蒸发器的淡水产量却较为平稳，基本保持不变。由此可以看出，海水喷淋量对淡水产量的影响不大。随着海水喷淋量的增加，制热量也就确定。此时，海水温度就会相应降低，抵消掉蒸发量的增加率，从而使淡水产量增加很少。当喷淋量很小的时候，蒸发量小于淡水产量。因为湿空气在经由热泵蒸发器时，其将所有的蒸发水蒸气全部冷凝下来，此时的热量仍然小于热泵制冷量。所以，湿空气将进一步冷凝，将进口湿空气所带来的水蒸气继续冷凝，从而导致淡水产量大于蒸发量。

（3）空气流量对淡水产量、海水蒸发量的影响

海水的蒸发量随空气流量的增加而增长，热泵蒸发器的淡水产量却较为平稳，

基本保持不变。这说明，空气流量对淡水产量的影响不大，原因是空气流量增加，制热量也就确定。空气温度就会相应地降低，抵消掉蒸发量的增加率，从而使淡水产量增加很少。

（4）空气进口温度对淡水产量、海水蒸发量的影响

海水的蒸发量随空气进口温度的升高而减少，热泵蒸发器的淡水产量却较为平稳地增加。原因是空气温度升高时，海水和空气之间的温差减小，传热的推动力降低，热交换量减小导致了质交换量的减小、海水蒸发量的下降。相对湿度不变的情况下，含湿量随着进口空气温度的升高有所增加，从而使热泵的淡水产量增加。

（5）制冷量对淡水产量、海水蒸发量的影响

海水的蒸发量随制冷量的增加而增加，但幅度比较小；热泵蒸发器的淡水产量却较为平稳地增加，而且幅度很大。原因在于，系统性能的提高，系统制热量也随着增加，海水温度升高时空气温度也随之升高，但由于两者之间的温升不均匀，温差逐渐加大，所以空气和海水之间的热质传热增加，导致海水蒸发量增加；在相对湿度不变的情况下，含湿量随着湿空气温度的升高而增加，经过蒸发器后湿空气的含湿量由于温度的降低而减少，含湿量的差值增大，热泵的淡水产量增加。

综合前面所得的分析结果可知，热泵式（蒸发冷凝换热器）海水淡化系统的性能同样受到蒸发量和冷凝量两个关键因素的相互制约。不过，蒸发冷凝式换热器同时起到加热海水和加热加湿空气两个作用，所以冷凝温度不会很高。相比水冷式冷凝器与风冷式冷凝器，热泵系统的性能得到了改善，从而为整机的性能提高提供了基础。

第11章　展　　望

2020 年 9 月，国家主席习近平在第七十五届联合国大会发表重要讲话，提出"中国将提高国家自主贡献力度，采取更加有力的政策和措施，二氧化碳排放力争于 2030 年前达到峰值，努力争取 2060 年前实现碳中和。"将"碳达峰"提升至"碳中和"，进一步明确了中国碳减排的工作目标。

碳达峰及碳中和的工作目标是以习近平同志为核心的党中央经过深思熟虑作出的重大战略决策。绿色节能是城市轨道交通发展的永恒课题，是城市轨道交通实现碳达峰，碳中和的重要基石，也是实现其高质量发展的必由之路。通风空调系统是城市轨道交通的能耗大户，大约占整个城市轨道交通能耗的 30%～50%。因此，通风空调系统既要提供更为"安全健康、经济节能、环保美观"的乘旅环境，又要合理地降低建设及运营成本，是城市轨道交通实现以人为本、节能降碳、绿色发展目标的创新方向。

蒸发冷凝空调技术经过 60 余年的实践，已成功应用于国内包括城市轨道交通、数据中心、工业（如氨制冷系统）和民用建筑等在内的多个行业领域中。城市轨道交通行业在我国蒸发冷凝新技术发展的道路上，起到了重要的引领作用。

蒸发冷凝空调技术作为一种低碳高效和可持续发展的新型传热技术，由于其节省地面占地、单位传热面积金属消耗少、传热效率高、节能和节水等突出优点，在我国城市轨道交通领域中应用越来越广泛，取得了较好的社会经济效益。近年来，国内外有关蒸发冷凝技术的研究也取得了长足的进步。但蒸发冷凝技术的发展还有很多值得进一步研究和改进的方面。

一是蒸发冷凝式换热器形式。结合工程实践和现有的相关研究成果分析，管式换热器存在管间距小、喷淋换热宜形成干点、结垢难于清洗等问题。板式换热器是蒸发冷凝换热形式的研究与技术优化方向，工程中应进一步深入研究在土建面积有限的情况下，如何提高换热效率，增大设备换热量，并且运营维护简单。

二是机组形式。现有的地铁工程中，整体式蒸发冷凝冷水机组尺寸较大、占用地下空间较多，导致其应用受到土建条件限制；城市轨道交通的客流波动大，而整体式蒸发冷凝冷水机组部分负荷工况效率较低，此外，采用单台机组供冷时，系统的可靠性不高。因此，布置更为灵活、运行更为节能的高静压模块式蒸发冷凝冷水机组，是今后蒸发冷凝冷水机组应用的重要发展趋势。

　　三是冷却水水质控制。由于蒸发冷凝式换热器结构紧凑，换热频率高，常年处于水与空气的潮湿环境下，易被腐蚀。国内各地区的水质不同，目前蒸发冷凝技术应用中常遇到由于水质控制不好，导致系统无法高效运行的状况。对此，采取物化结合处理的控制方法优化对蒸发冷凝喷淋水的处理是非常重要且有效的技术发展方向：物理方式是设置吸垢仪，去除水中钙、镁等易结垢的离子；化学方法是依据系统工艺情况、系统材质及补水水质条件，投加适量的阻垢缓蚀剂来控制系统结垢、腐蚀问题，并通过交替投加杀菌剂来有效控制水中菌藻的滋生、提升系统的卫生品质；此外，运行过程中应有设备在线监测循环水的电导率等参数，如有超标立刻强制排水，确保水质稳定，进而保证整体式蒸发冷凝系统的高效、健康运行。

　　综合各方面的理论分析和实际测试，均表明在节能降碳、以人为本的发展趋势下，蒸发冷凝技术拥有其独特的优势。蒸发冷凝技术的理论研究和应用研究未来有巨大的发展空间。新技术的出现、新产品的研发和应用，都会为蒸发冷凝技术的发展提供更好的发展空间，也会对蒸发冷凝技术更加广泛、更有深度的应用起到推动作用。蒸发冷凝技术的成熟应用，将对中国乃至世界的经济和社会发展起到重要的推动作用。